青少年心理成长学校

图解性格测试

老楼梯编辑部 ·编

U0299416

化学工业出版社
·北京·

内 容 简 介

你觉得你是性格内向的人吗？但从某一角度看，你可能比任何人都更加积极呢！用有趣的漫画来测试性格，一起发掘你的隐藏才能吧！

本书通过漫画进行简单有趣的测试，帮助读者了解自己某些行为的原因，以及他人行为背后的性格动因，并从孩子的视角解析性格，帮助他们理解周围人的多样性，并在人际关系中获得独特的洞察力。

本书分为四个部分，包括认知到性格倾向，发现自己隐藏的优点；30个性格倾向的测试题；类型确认表，通过分数计算得出自己的类型；测试结果分析，并给出生活建议。

这本书帮助小读者深入理解自己的多样性。每完成一次测试，就能将不同性格倾向紧密结合起来，为孩子的成长提供新的线索和可能。

素材提供：安尼卡菲特公司（AnyCraft-HUB Corp.）、北京可丽可咨询中心。
Parts of the contents of this book are provided by oldstairs.

图书在版编目（CIP）数据

图解性格测试 / 老楼梯编辑部编. -- 北京 : 化学工业出版社, 2024. 10. --（青少年心理成长学校）.
ISBN 978-7-122-46192-6

Ⅰ. B848.6-49

中国国家版本馆CIP数据核字第2024WY4797号

特约策划：喻伟彤　　文字编辑：郭　阳
责任编辑：丰　华　李　娜　　封面设计：子鹏语衣
责任校对：张茜越　　内文设计：盟诺文化

出版发行：化学工业出版社（北京市东城区青年湖南街13号　邮政编码100011）
印　　装：北京宝隆世纪印刷有限公司
710mm×1000mm　1/16　印张$11^{1}/_{2}$　字数112千字　2025年1月北京第1版第1次印刷

购书咨询：010-64518888　　售后服务：010-64518899
网　　址：http://www.cip.com.cn
凡购买本书，如有缺损质量问题，本社销售中心负责调换。

定　　价：49.80元

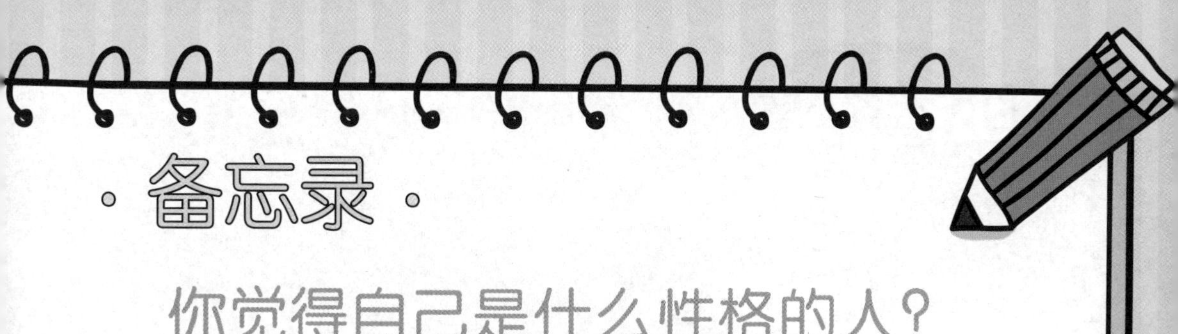
备忘录

你觉得自己是什么性格的人？

目录

0 使用方法

1 性格倾向

2 性格测试

3 性格类型确认表

4 性格测试结果

通过漫画来轻松愉快地了解你的性格吧!

要如何进行性格测试呢？

使用
方法

第1步 开始测试

如果你是漫画中的主人公，你会做出什么样的选择呢？从两个选项中选出更吸引你的那一个，一起来探索你不为人知的性格倾向和隐藏的潜力吧！

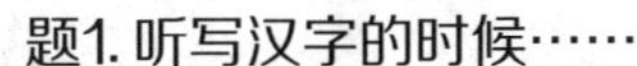

题1. 听写汉字的时候……

"日"字不是这样写的~
我是这样写的。
但老师说按照这个顺序写，写出来会更好看。
啊哈~还有这种方法？！
3 2 1 0
原则性 0 1 2 3 4
随意写
VS
王浩然

我想怎么写就怎么写。

按规则工整地书写。

题2. 如果后门禁止出入的话……

打游戏？踢球？玩什么好呢？
怎么回事！后门怎么关了！
我不是可疑人员啊……
为阻拦可疑人员，禁止出入！
自主性 4 3 2 1 0
原则性 0 1 2 3 4
VS
天才小学

无视并从后门出去。

从正门安全地出去。

题3. 如果把作业本弄丢了的话……

好开心~
假期作业是写日记！
老师会给你们发笔记本，把日记写在这上面。
好~
放学后我和朋友玩得很开心，可回到家……
翻来
翻去
哎？我的笔记本跑哪去了！
我的假期作业本好像丢了！
自主性 4 3 2 1 0
原则性 0 1 2 3 4
VS

随便找一个笔记本写。

去老师那里再领一本。

题4. 玩涂色游戏的时候……

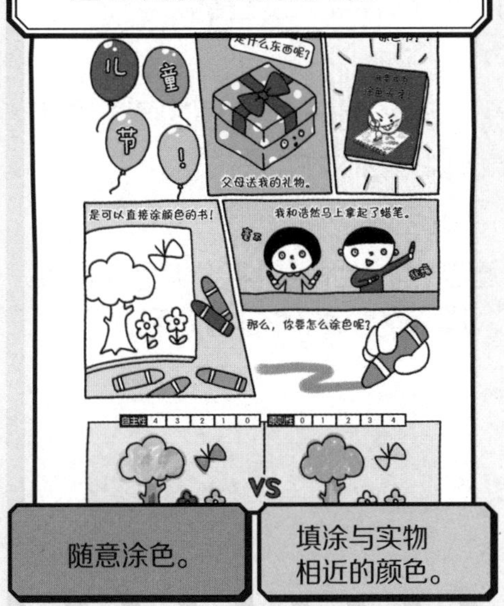

儿
童
节
！
是什么东西呢？
父母送我的礼物。
是可以直接涂颜色的书！
我和浩然马上拿起了蜡笔。
那么，你要怎么涂色呢？
自主性 4 3 2 1 0
原则性 0 1 2 3 4
VS

随意涂色。

填涂与实物相近的颜色。

第2步 计算分数

你属于什么性格类型呢？

既然知道了自己的性格倾向，现在就来了解自己的类型吧。将前面计算好的性格倾向得分相加后，再除以性格倾向的个数，来计算平均值。得分最高的类型应该就是你的类型了，不过你也可能属于多种类型哦！

A 捣蛋鬼型
外向性
好奇心
÷2=
B 牛脾气型
胜负欲
自尊心
÷2=
C 悠然自得型
乐观性
迟钝性
÷2
D 善变型
开放性
小心性
÷2=
气氛组
外向性
想象力
同理心
÷3=
E
150

完成所有测试后，把性格倾向的分数填入空白处，进行计算吧！

分数较高的，应该就是与你的性格相近的类型啦！

作为参考，你的类型可能不止一种哦！

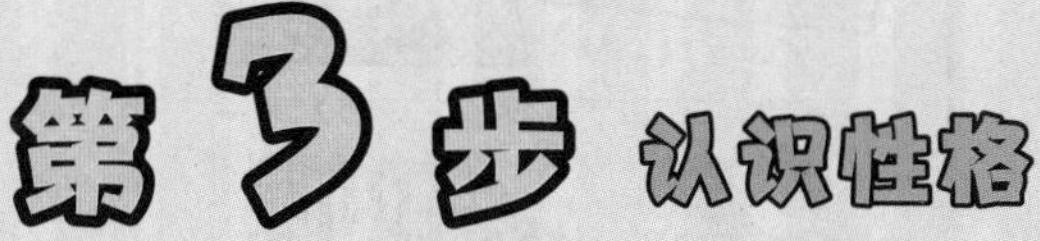
第3步 认识性格

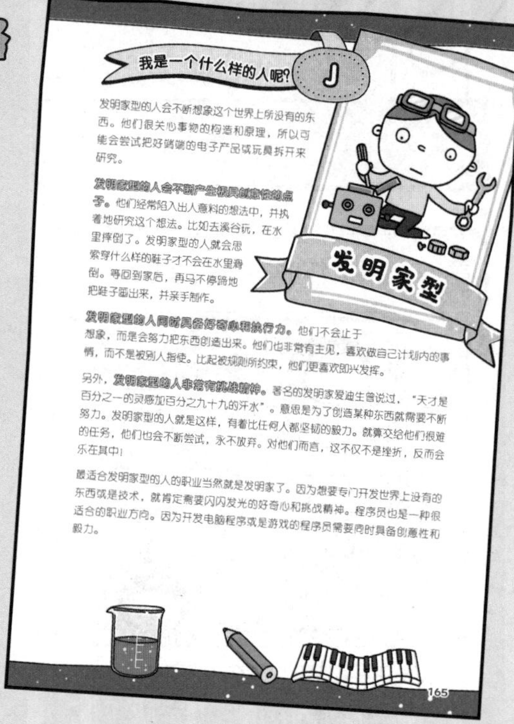
我是一个什么样的人呢？ J

发明家型的人会不断想象这个世界上所没有的东西。他们很关心事物的构造和原理，所以可能会尝试把好端端的电子产品或玩具拆开来研究。

发明家型的人会不断产生极具创意性的点子。他们经常陷入出人意料的想法中，并执着地研究这个想法。比如去溪谷玩，在水里摔倒了。发明家型的人就会思索穿什么样的鞋子才不会在水里滑倒。等回到家后，再马不停蹄地把鞋子画出来，并亲手制作。

发明家型的人同时具备好奇心和执行力。他们不会止于想象，而是会努力把东西创造出来。他们也非常有主见，喜欢做自己计划内的事情，而不是被别人指使。比起被规则所约束，他们更喜欢即兴发挥。

另外，**发明家型的人非常有挑战精神。**著名的发明家爱迪生曾说过，“天才是百分之一的灵感加百分之九十九的汗水”。意思是为了创造某种东西就需要不断努力。发明家型的人就是这样，有着比任何人都坚韧的毅力。就算交给他们很难的任务，他们也会不断尝试，永不放弃。对他们而言，这不仅不是挫折，反而会乐在其中！

最适合发明家型的人的职业当然就是发明家了。因为想要专门开发世界上没有的东西或是技术，就肯定需要闪闪发光的好奇心和挑战精神。程序员也是一种很适合的职业方向。因为开发电脑程序或是游戏的程序员需要同时具备创意性和毅力。

发明家型
165

现在来深入了解你的类型吧！如果知道这一类型都是什么样的人，都在经历什么样的事，就可以帮助你更好地了解自己的性格。

当然，这也是一个了解你周围的朋友是什么性格的机会。

知道了世界上有多种多样的性格类型，思考如何和他们相处吧。

1

性格倾向

通过性格测试，

发现自己隐藏的优点

性格倾向　通过性格测试，发现自己隐藏的优点。

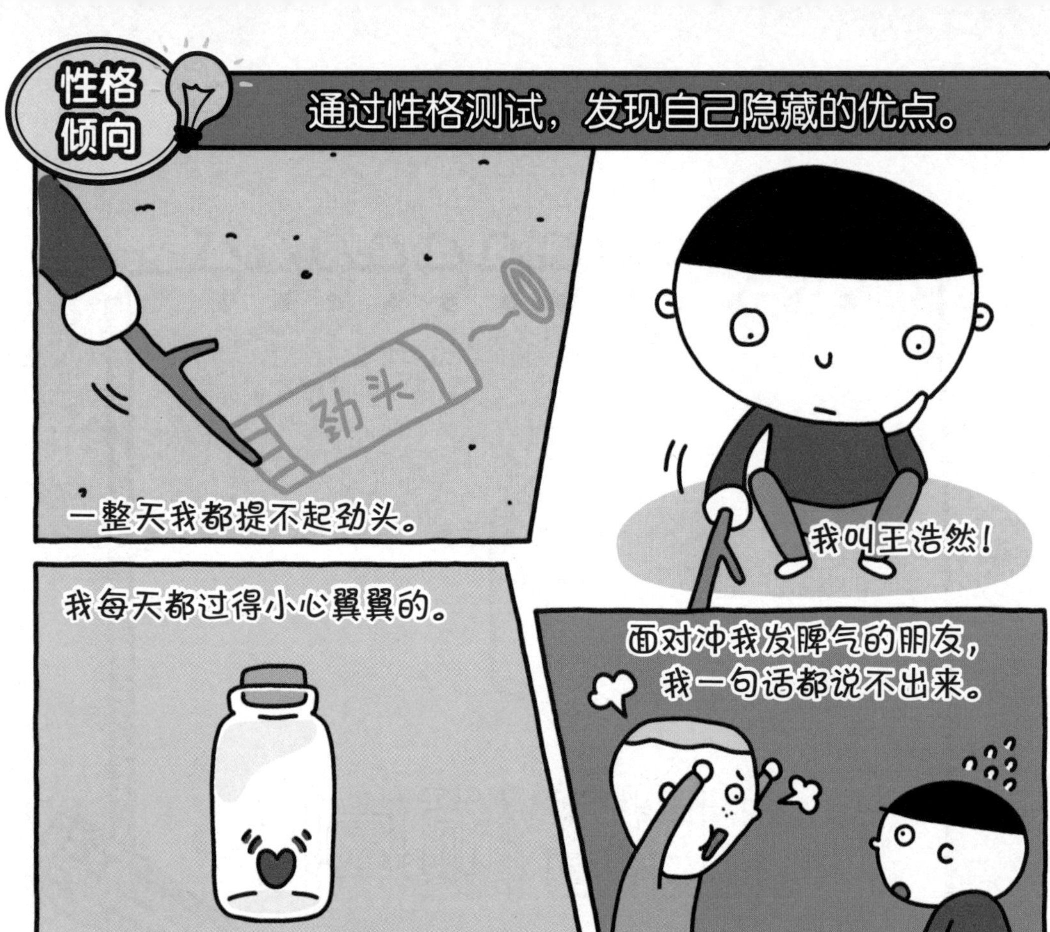
劲头
一整天我都提不起劲头。
我叫王浩然！
我每天都过得小心翼翼的。
面对冲我发脾气的朋友，
我一句话都说不出来。

别人不爱
当值日生，
也轻易推给了我。
不过也有和我性格
完全相反的人。

我们班有个同学叫大胆。
噔
噔
要是有别人都害怕的
虫子出现，
啊啊
有虫子！

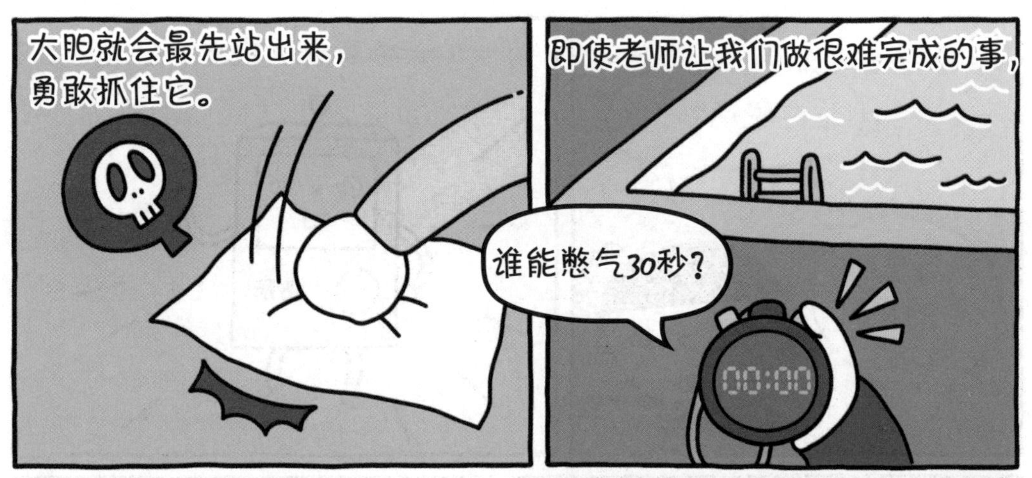
大胆就会最先站出来，
勇敢抓住它。
即使老师让我们做很难完成的事，
谁能憋气30秒？
00:00

他也会毫不犹豫地站出来。
噗通！

27!
28!
咕嘟咕嘟
29!

所以同学们都很喜欢他。

老师也经常夸奖大胆。

真棒！

要是我也能变得像大胆一样勇敢，
一切麻烦就都解决了……
所以我下定决心，
要改掉小心翼翼的
毛病！

谁在说话？！
怪可惜的，干吗要改掉啊？

有一个长相奇怪的机器人出现了！

这是什么啊？

胆大的人很容易觉得危险没什么大不了的。

胆大可不都是好事哦。

比如说，有恶犬扑上来的时候，

他会觉得自己能打赢，结果冲上去被咬了一口，
啊啊！！

还会做一些别人都觉得危险的事情，可能让自己受伤。

反过来，小心的人
就会躲着危险走，

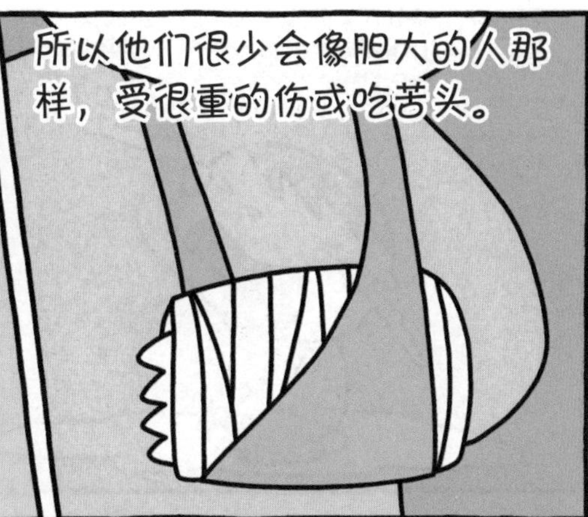
所以他们很少会像胆大的人那
样，受很重的伤或吃苦头。

当然性格小心的人也不止这
一个优点啦。

优点多多

小心的人为了不给别人添麻烦，
总是会很小心，

所以和周围的人大多相处得很融洽。

可胆大的人可能会因为他
们的直言不讳，
你长胖
了吗？

在不知不觉中树立敌人，甚至经
常和别人打架，
哐哐！

胆大的我也
有缺点……
惹人讨厌。

这下你知道胆大虽然看起来很不错，但也有不好的地方了吧？

总而言之，胆大和小心有着各自不同的优缺点。

而我们拥有的所有性格，其实都是我们生存下来的理由。

这是什么意思？
这个说来话长……
加载中
……

我们有把我们生下来的爸爸妈妈，

还有把爸爸妈妈生下来的爷爷奶奶、姥爷姥姥。

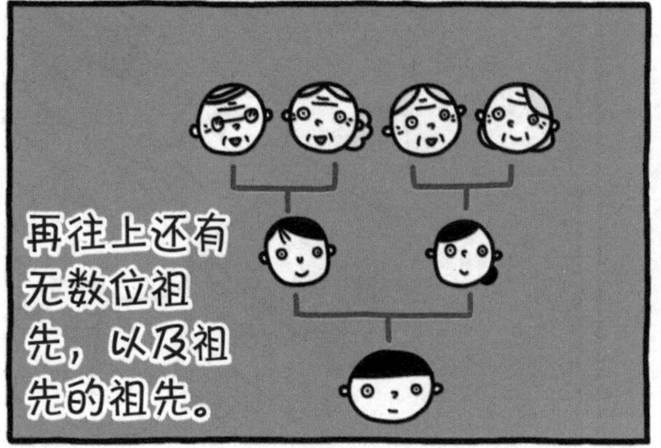
再往上还有无数位祖先，以及祖先的祖先。

那就让我们一起穿越回很久很久以前，

穿越回原始社会看看吧。

有个人站在狮子面前！

他胆子非常大，
一个人就扑向了狮子。

可狮子异常凶猛，被狮子攻击后，这个人丢了性命。

而另一个人，因为太过小心翼翼，连看到兔子都会瑟瑟发抖。

结果他什么东西也没猎到，就饿死了。
哐当

所以胆子太大或太小的人是都没有办法存活下来的。

只有胆量恰到好处的人，才可以顺利狩猎。
今天聚餐！

或者小心得恰如其分，可以避开危险的人，也能得以生存。

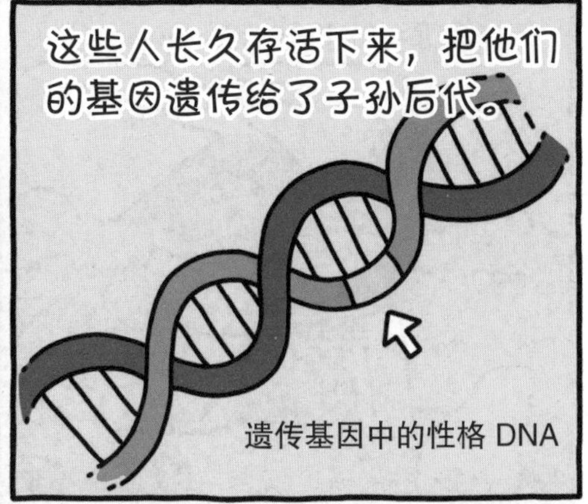
这些人长久存活下来，把他们的基因遗传给了子孙后代。
遗传基因中的性格 DNA

因此，我们拥有的性格都是能够让我们生存下来的必不可少的东西。
大伙儿合力！

是在时间的长河中生存下来的祖先们一代一代传给我们的。
适者生存！

另外，有很多人认为，“充满好奇心的性格”就一定是好性格。
小爱迪生

可在古代，如果你的好奇心太重，
好漂亮！

搞不好，会受很严重的伤哦。
啊啊！

所以，我们可以说，没什么好奇心的性格反而更有利于生存。

随着时代或环境的变化，有利于生存的性格会随之发生变化，

所以没办法说哪种性格就一定更优秀。
血量
原来我不是无敌的啊……

呃……那这个性格怎么样？

比起自己一个人，我更喜欢和朋友们在一起。

我一个人待着的时候，就会变得抑郁。

我很无聊，为什么会这样呢？

嗯，这个和小心还是有一些不同的。

像你一样，比起自己，更关心别人的性格，我们称之为“外向”。

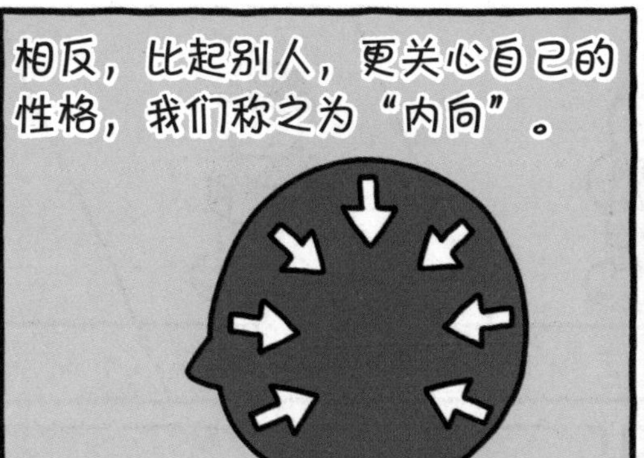
相反，比起别人，更关心自己的性格，我们称之为“内向”。

而“小心的性格”是指胆子很小、小心翼翼，它们明显不同哦！
哇！

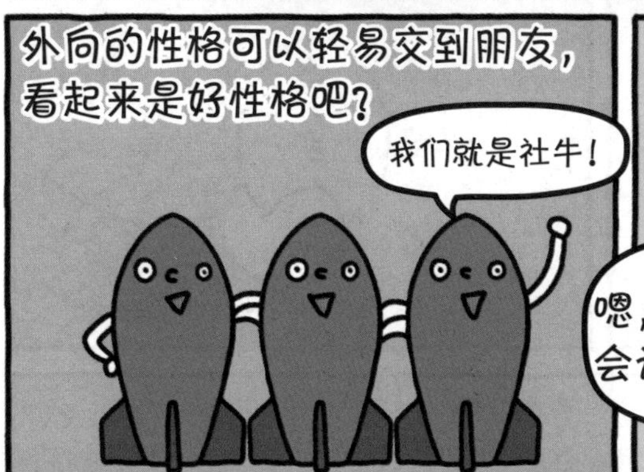
外向的性格可以轻易交到朋友，看起来是好性格吧？
我们就是社牛！

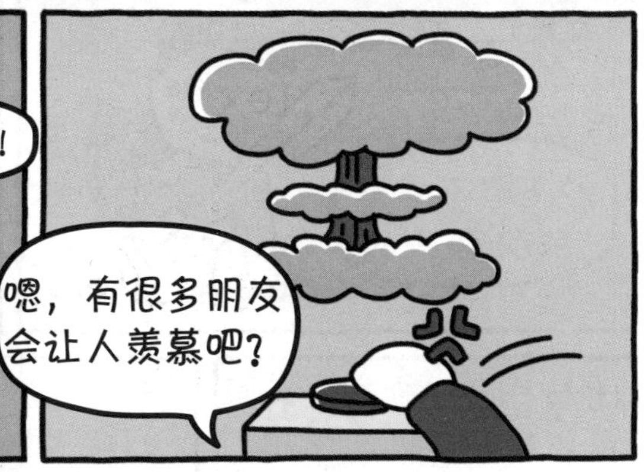
嗯，有很多朋友会让人羡慕吧？

但你想一想，如果因为朋友多，天天都有约，
聊天
10
5
1

没时间做你真正想做的事情，那会如何呢？

属于你的时间
和朋友一起度过的时间

相反，内向性格的人也许朋友不多，

但也不会被别人牵着走，所以很自由，也有很多时间投资在自己身上。
自我开发中！

所以说，世界上没有只坏不好的性格！
呃啊！味道好奇怪！
很好吃吧？
薄荷冰激凌
所有性格都有自己的优点！
虽然味道不一样，但两个都很好吃吧？
咳咳，还有另一件很重要的事情。
其实，性格是可以分为数十种的哦！
有数十种吗？！
让我们来想一想，为什么要区分小心的性格和内向的性格呢？
因为既有胆大且内向的人，
也有小心且外向的人。
这袖子太长了，不安全！快换一件。

可人们总是认为，小心的人当然就很内向。
你是要自己一个人看书吗？
嗯！

但这样就无法知道我们真正的性格啦！
明明想加入，却因为小心而说不出话。

所以，我们需要对性格进行一一分析！

如果我们把平时混作一团的性格一个个分开来看，

就会了解到自己不为人知的真正的性格倾向。

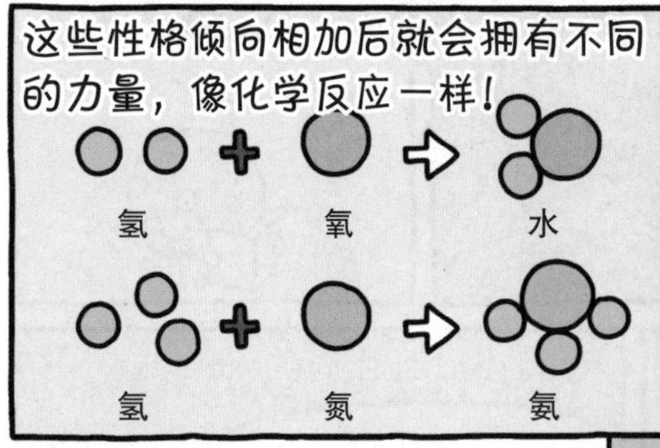
这些性格倾向相加后就会拥有不同的力量，像化学反应一样！
氢
氧
水
氢
氮
氨

性格大冒险！
-按下后开始-

好，那我就用简单易懂的游戏来给你展示一下！

往前走就行吗？▼
呃……怎么办？
敌人出现了！▼

现在逃跑！
哪有游戏是这样的！

嘭！
哎呀？
Q.
有一个问题窗口突然出现在
浩然面前！▼

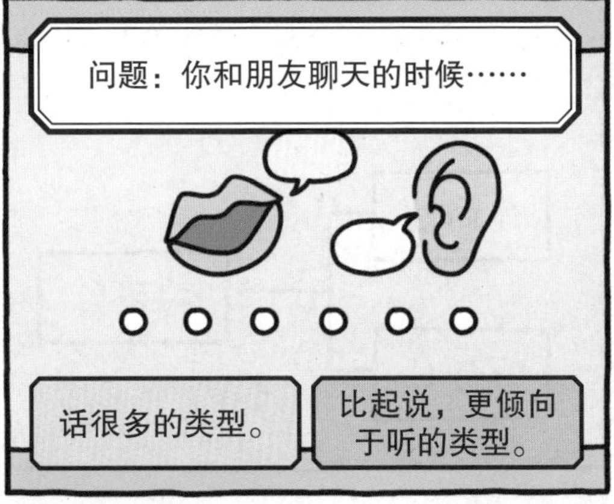
问题：你和朋友聊天的时候……
话很多的类型。
比起说，更倾向
于听的类型。

请选择更接近于哪一边！
嘀

耀眼

得到了外向性之石！

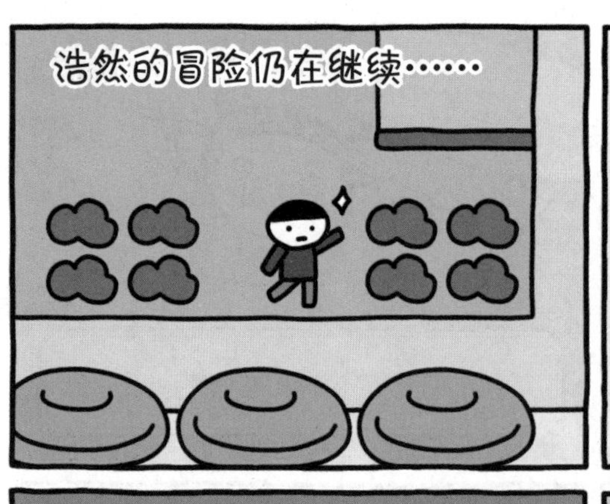
浩然的冒险仍在继续……

得到了好奇心之石！

有两块石头在闪闪发光。

外向性和好奇心相加，
生成了捣蛋鬼宝石！

捣……捣蛋鬼？！

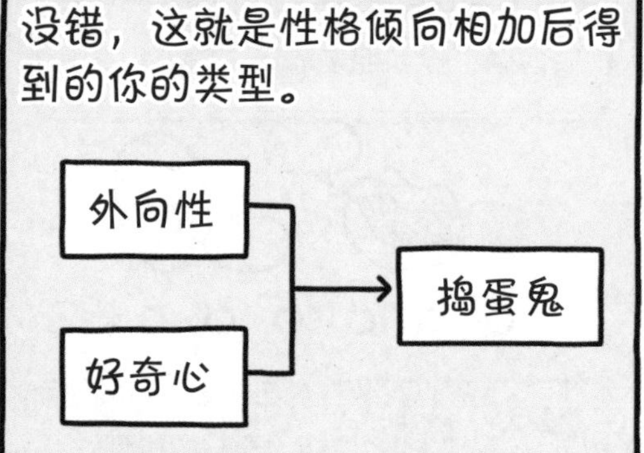
没错，这就是性格倾向相加后得到的你的类型。
外向性
好奇心
捣蛋鬼

敌人出现了！▼
晕……
说我是
捣蛋鬼吗？

嘿嘿！
我已经不是刚才的我了！

挠痒痒攻击！
嘻嘻嘻！够了！
打退了敌人！▼
呃啊啊啊
这就是捣蛋鬼的力量吗？

路还很远哦！
很开心呢。再继续试试吧！

浩然一边回答问题，一边往前走。

问题：常去的一家餐厅出了新菜。
当然要尝尝了！
只吃一直吃的菜。
○○小吃

嗯，这次是这边！
嘀

耀眼！

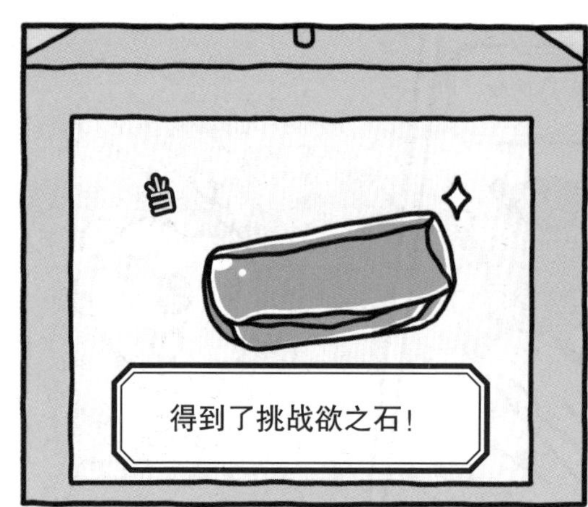
叮
得到了挑战欲之石！

这次是三块石头在发生反应！
亮晶晶

外向性、好奇心和挑战欲相加，生成了发明家宝石！

又多了一块宝石呢！

敌人出现了！▼
看起来比刚才厉害了！

可我现在也有两块宝石了啊！
吱啦吱啦

炸弹发明！接着吧！

嘭
嘭

这是……我的力量吗？

游戏机又一次出现了！
就是这样！
吓我一跳！

把你的性格倾向这样相加就会成为捣蛋鬼，但那样相加又会成为发明家。

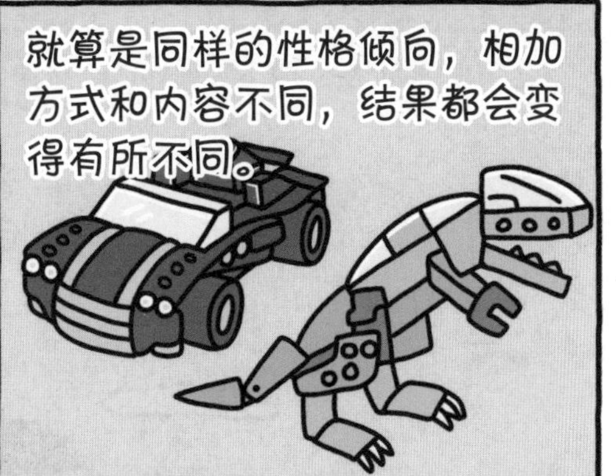
就算是同样的性格倾向，相加方式和内容不同，结果都会变得有所不同。

在之后你要进行的性格测试中，

会足足了解到30种性格倾向哟！
30种吗？！

将那些性格倾向相加，你就可以更加了解自己啦……

也许还会发现你不为人知的隐藏优点哦！

好激动啊！
测试开始！

通过性格测试题，为你的性格倾向打分吧！

2

性格测试

自主性/原则性	计划性
乐观性/悲观性	牺牲性
迟钝性/敏感性	包容力
大胆性/小心性	仔细
决断性/慎重性	自信心
外向性/内向性	自重
胜负欲	自尊心
开放性	自我反省
好奇心	认可欲
挑战欲	感性
热情	同理心
忍耐性	批判性思考

题1. 自主性/原则性

汉字书写，你的选择是？

到了听写时间！

我要表现出100分的实力！

可老师却批评了我的字。
“日”字不是这样写的。

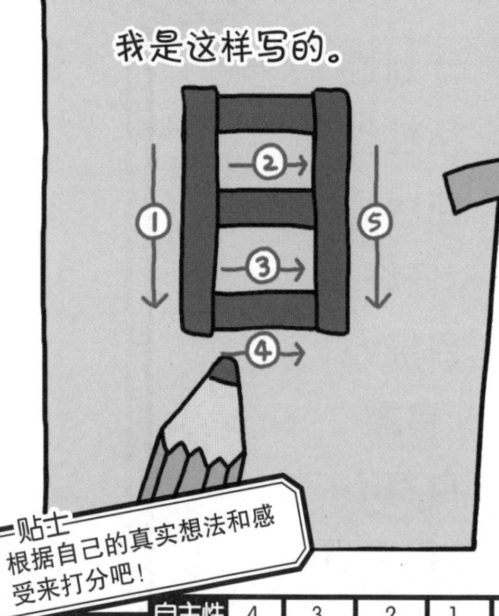

我是这样写的。

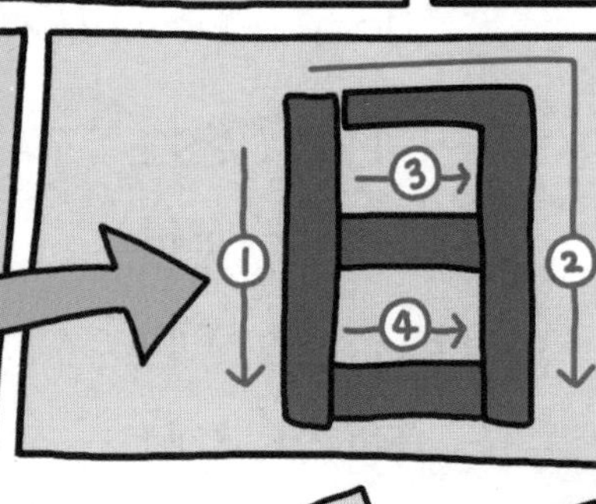

但老师说按照这个顺序写，写出来会更好看。

啊哈！还有这种方法？！

贴士
根据自己的真实想法和感受来打分吧！

自主性	4	3	2	1	0	原则性	0	1	2	3	4

随意写 VS 王浩然

我想怎么写就怎么写！

按规则工整书写！

题2. 自主性/原则性

当后门禁止出入时，你的选择是？

快乐的放学时间！
得赶快回家玩啊！
打游戏？踢球？玩什么好呢？
怎么回事！后门怎么关了！
为阻拦可疑人员，禁止出入！
我不是可疑人员啊……
自主性 4 3 2 1 0
原则性 0 1 2 3 4
VS
天才小学
从后门出。
那就从正门出。

题3. 自主性/原则性

弄丢了作业本，你的选择是?

马上要放假了……
好开心！
老师留了假期作业！
假期作业
是写日记！
老师会给你们
发笔记本，把日
记写在这上面。
好！
放学后你和朋友玩得很开
心，可回到家……
翻来
翻去
哎？我的
笔记本跑
哪去了！
我的假期作业本
好像丢了！
自主性 4 3 2 1 0
原则性 0 1 2 3 4
VS

无所谓！随便找一个笔记本写。	给老师打电话再领一个笔记本。

题4. 自主性/原则性

玩涂色游戏时，你的选择是？

今天是儿童节！
儿
童
节
！
是什么东西呢？
父母送你的礼物。
涂色书？！
我要成为
涂色天才！
是可以直接涂颜色的书！
你和浩然马上拿起了蜡笔。
毫不
犹豫
那么，你要怎么涂色呢？
自主性 4 3 2 1 0
原则性 0 1 2 3 4
VS

随心所欲地使用各种颜色！ | 尽可能地与实物颜色相近！

所谓的
“自主性”
是什么呢？

自主性是按照自己的想法和意愿行动的性格倾向，所以自主性强的人不会想要遵循其他人定下的规则。

自主性的优点

因为不在意现有的规则或常识，所以会有打破固有观念的果敢思维。这对需要创造力的事情格外有帮助。而创造力是思考新事物的力量，所以像别人一样思考是无法得到创造力的。

自主性的缺点

无视规则、违反规则或是扰乱秩序，也是会让人失望的。世界上很多规则的制定是为了不给其他人带来损失。想象一下，如果不遵守这些规则会发生什么事情？必要时，就算困难，也要努力遵守哦！

你的性格倾向是什么呢？

自主性

0	1	2	3	4	5	6	7	8	9	10	11	12	13	14	15	16

所谓的“原则性”是什么呢？

世界上真的有很多很多的规则。例如，红灯停绿灯行，排队等待等，而“原则性”说的就是遵守已定的规则或秩序的性格倾向。即便我们觉得这些小规则不算什么，但它们维护着我们日常生活的秩序。所以原则性强的人会对定好的、安全的事物感到舒适。

原则性的优点

因为严格遵守规则，所以很值得信任，就像与朋友约好时间就一定会遵守一样。我们生活的社会是由“规则”组成的，这是一个很大的优点。大人口中的“乖孩子”很多时候指的也是原则性强的人。

原则性的缺点

因为不懂变通，所以在周围人看来，可能会觉得为人很固执。尤其是发生危及生命的紧急情况时，规则往往成为了束缚。如果按照原则尝试后，事情仍没有回旋的余地，或者当事人事后可以改正，这时候就不要太斤斤计较规则啦！

你的性格倾向是什么呢？

原则性

0	1	2	3	4	5	6	7	8	9	10	11	12	13	14	15	16

题1.

乐观性/悲观性

只剩最后一口水，你的选择是？

你正独自一人在沙漠旅行。
但陷入了危机……
水勉强只剩一口！
还有很长的路要走啊！
也不知道什么时候才会出现绿洲……
现在可以把这口水喝掉吗？

乐观性	4	3	2	1	0	悲观性	0	1	2	3	4

这有什么！现在就喝。 VS 省下来，以后再喝。

题2. 乐观性/悲观性

四面八方涌来乌云，你的选择是？

刚出门，准备去学校。
在外面走了一小会儿……
哦？
突然天空中有乌云从四面八方涌来。

天气预报明明说……
今天天气晴朗，万里无云！

……可这样下去，要是真下雨了怎么办？

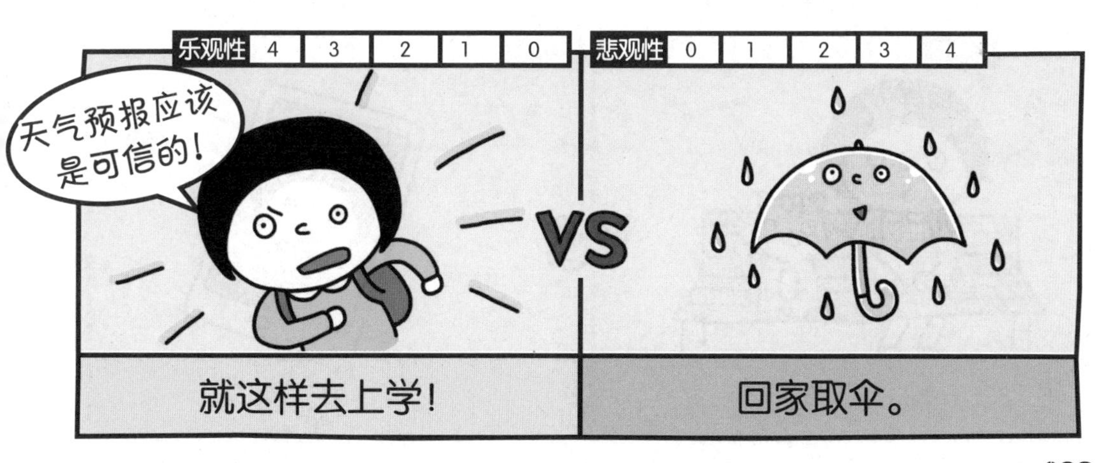

乐观性 4 3 2 1 0
悲观性 0 1 2 3 4
天气预报应该是可信的！
VS
就这样去上学！
回家取伞。

题3. 乐观性/悲观性

马上要到约定的时间了，你的选择是？

今天是去旅行的日子！
你早早就起床做了准备。
和朋友说好了十点在火车站集合！

你先到了车站！

龙山站
可都九点四十五分了，朋友还没来……
怎么办呢？

乐观性 4 3 2 1 0
悲观性 0 1 2 3 4
VS
你在哪！
欣然

悠闲等待。	给朋友打电话。

题4. 乐观性/悲观性

冰淇淋抽奖活动，你的选择是？

几天前，你在便利店买了一个冰淇淋……
抽到了“再来一个”奖券！
再来一个！
冰淇淋真好吃！
24小时
冰淇淋
第二天发现，活动还在进行中！
冰淇淋很好吃，但是有一点儿贵。
30
而且今天本想买其他东西吃的……怎么办呢？
乐观性 4 3 2 1 0
悲观性 0 1 2 3 4
VS
我要买软糖。

还会中奖的！

不可能又中奖的。

所谓的
“乐观性”
是什么呢?

要是能预知未来该有多好！可这是不可能的，所以人才会设想未来会发生什么。“乐观性”就是预测今后会有好事发生的性格倾向。当然，我们并不知道实际情况会如何，但如果你准确找到了会发生好事的理由，那就不再是预测，而将成为现实。

乐观性的优点

就算别人觉得很难，都不去做的事情，乐观的人也会积极寻找可能性，所以会取得出乎意料的成功。乐观性强的人会把正能量传递给周围的人。而拥有正能量的人聚集到一起，有可能出现惊人之举哦！

乐观性的缺点

太过看好未来，可能导致不付出真正的努力。也可以说，把事情想得太简单，生活过得太舒心，实际上就是“安逸”到无所作为。所以我们要小心，不要盲目乐观，以防惹上大麻烦哦！

你的性格倾向是什么呢?

乐观性

0	1	2	3	4	5	6	7	8	9	10	11	12	13	14	15	16

所谓的
“悲观性”
是什么呢?

话剧中的一些剧目，描述的往往是主人公的不幸遭遇，所以加上了悲伤的“悲”，称为“悲剧”。而“悲观性”也是一样，是一种预测今后会发生坏事的性格倾向。如果你准确找到了会发生坏事的理由，就可以摆脱即将到来的危险，保护自己和朋友哟！

悲观性的优点

虽然人们大多认为悲观性是不好的性格倾向，但绝对不是这样的！悲观性强的人会时刻提防不好的事情发生。比如，看见路边的石头，想到可能有人会被绊倒，便提前把石头清理干净。多亏了这样的行为，才使周围的人避免危险。

悲观性的缺点

反正也不行，索性试都不试，往往会错过好机会，让别人觉得很不积极！甚至，在了解后你可能会发现那些事情根本不算什么，只是你自己觉得困难而已。记住，幸运只会降临在有勇气的人身上，不要太害怕啦！

你的性格倾向是什么呢？

悲观性

0	1	2	3	4	5	6	7	8	9	10	11	12	13	14	15	16

题1.

迟钝性/敏感性

在吵闹的环境中，你的反应是？

你去朋友家玩，
发现了喜欢的漫画书！

就开心地借走了。

书很好看，你还特意带去了学校！

午休时间因为想看，就把书拿了出来。

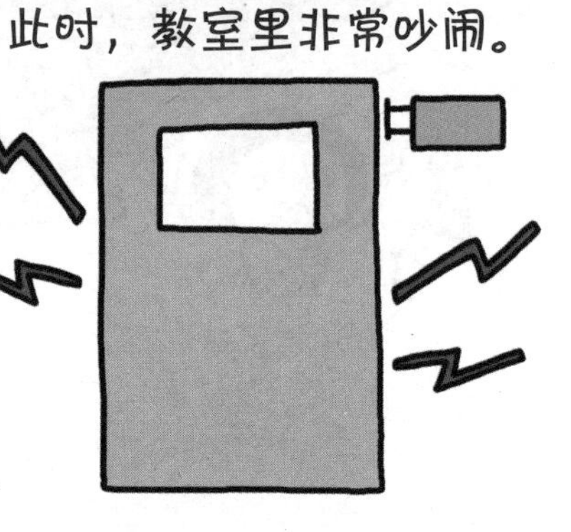
此时，教室里非常吵闹。

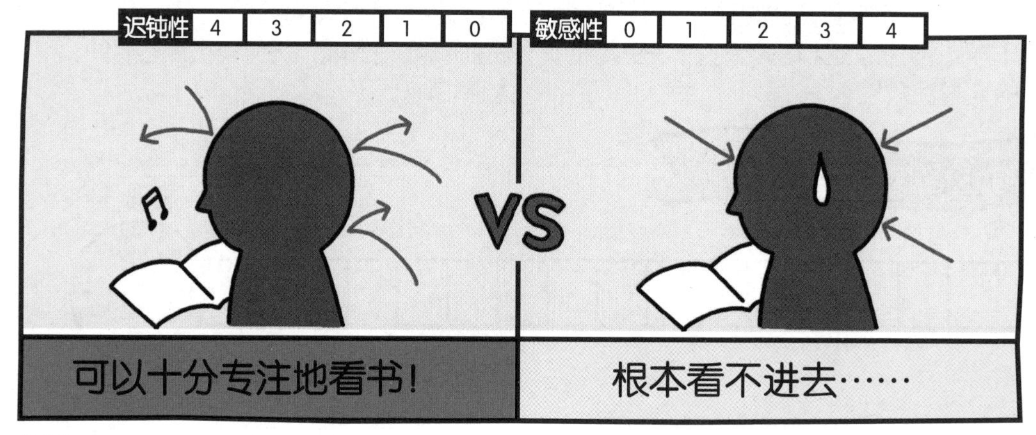
迟钝性 4 3 2 1 0
敏感性 0 1 2 3 4
VS
可以十分专注地看书！
根本看不进去……

题2. 迟钝性/敏感性

换了个地方过夜，你的反应是？

今天是中秋节！
你坐车到了乡下的奶奶家。
吃完了奶奶给的点心后，
还开心地玩了游戏。
到了晚上睡觉的时间。
在不熟悉的地方睡觉，你会……

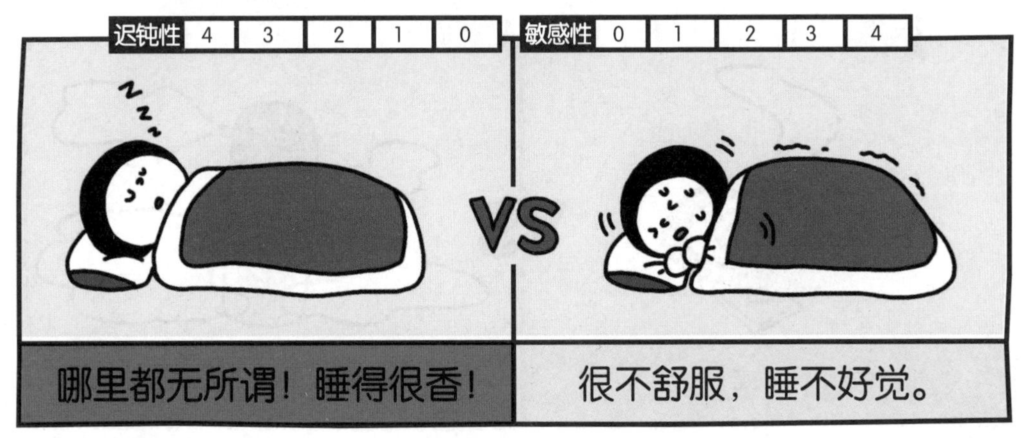
迟钝性 4 3 2 1 0
敏感性 0 1 2 3 4
VS

哪里都无所谓！睡得很香！

很不舒服，睡不好觉。

题3. 迟钝性/敏感性

蚊子出现了，你的选择是？

你写作业写到很晚。

因为天气热你打开了窗户。

过了一会儿，
关上灯，刚躺下睡觉……
嗡……
啊？这么一会儿就进了蚊子？！
啪！

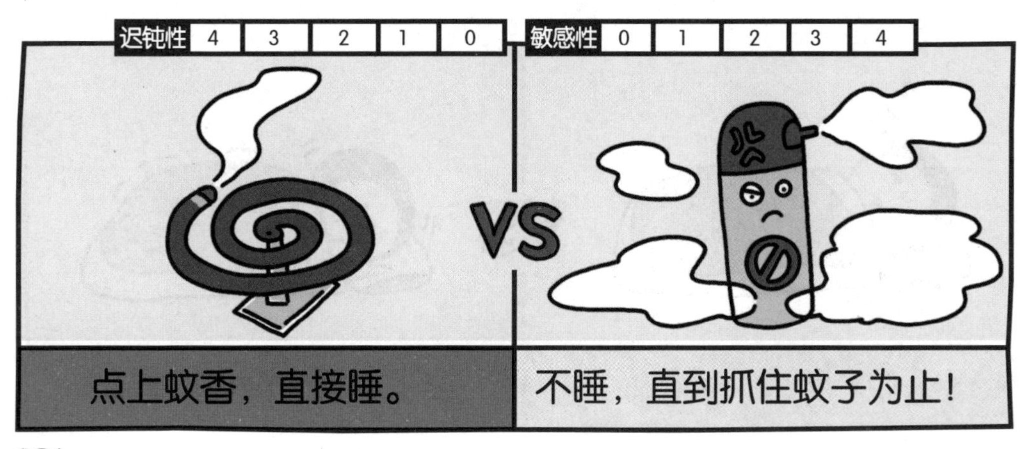
迟钝性 4 3 2 1 0
敏感性 0 1 2 3 4
VS

点上蚊香，直接睡。	不睡，直到抓住蚊子为止！

题4. 迟钝性/敏感性

准备元旦活动时，你的选择是？

明天是元旦！
Happy New Year

你会和朋友们一起开派对，

还准备了各种奇奇怪怪味的糖果。

你已经做好了美味的纸杯蛋糕。

完成！
可其他人看起来还很忙啊！

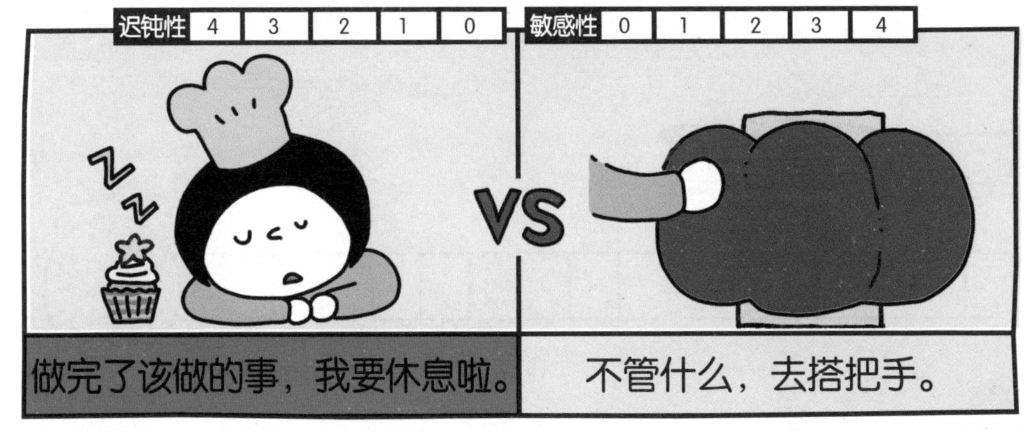
迟钝性 4 3 2 1 0
敏感性 0 1 2 3 4
VS

做完了该做的事，我要休息啦。	不管什么，去搭把手。

所谓的
“迟钝性”
是什么呢?

我们一般会在寒冷的冬天戴上手套吧?可戴上手套的话，触觉就会变迟钝，很难摸出口袋里装了什么。迟钝的性格倾向和戴上手套是一样的，也不太会察觉周围的变化或刺激。听起来好像是不怎么样的性格，但你想一想，手套不就是为了温暖双手、保护双手才戴的吗?那迟钝性也是一样的，是一种可以保护心灵的性格。

迟钝性的优点

无论是遇到新环境，还是朋友说出刺激自己的话、做出刺激自己的行为时，他们都不太会感到压力。除非万不得已，这种性格倾向的人都不会在意。压力会让人感到身心痛苦，比起敏感性的性格倾向，迟钝性的性格倾向更有益健康哦!

迟钝性的缺点

他们经常会被说成是“不会把握氛围，没眼力见”的人。而在人际关系中，眼力见非常重要。不在意别人此时的心情或当下的氛围，而直接采取行动，很可能会与朋友发生非本意的争吵。如果你也有过同样的经历，就试着慢慢观察周围的氛围吧!

你的性格倾向是什么呢?

迟钝性

0	1	2	3	4	5	6	7	8	9	10	11	12	13	14	15	16

所谓的
“敏感性”
是什么呢?

如果皮肤敏感，那稍微碰到刺激性的东西，就会红肿，甚至起疹子。性格倾向也是一样，如果敏感性强，就会很在意周围人的行动，去在意别人不知道甚至无视的东西。

敏感性的优点

有眼力见，会马上察觉到周围的情况变化，也会敏锐地猜到其他人在想什么。偶尔还会在别人说话前，提前采取行动，让周围的人大吃一惊。这种能力有助于维持朋友间融洽的关系哦！

敏感性的缺点

无论是遇到新环境，还是朋友说出了刺激自己的话、做出了刺激自己的行为时，他们都会感受到很大的压力。有时甚至会太过敏感，发生误会，还有可能会突然发火，让人觉得莫名其妙。如果因为误会导致关系变差，肯定会很伤心吧？平时多和朋友们聊聊天，百利无一害哟！

你的性格倾向是什么呢?

敏感性

0	1	2	3	4	5	6	7	8	9	10	11	12	13	14	15	16

题1. 大胆性/小心性

按错铃了，你的选择是?

今天你要去图书馆学习。
你决定坐公交车过去。
嘀
学生卡。

你在车上听着音乐，突然看到图书馆三个字，一时着急……
哔
下车
前方到站天才公园……
下一站天才图书馆……
呃！下一站才是啊！

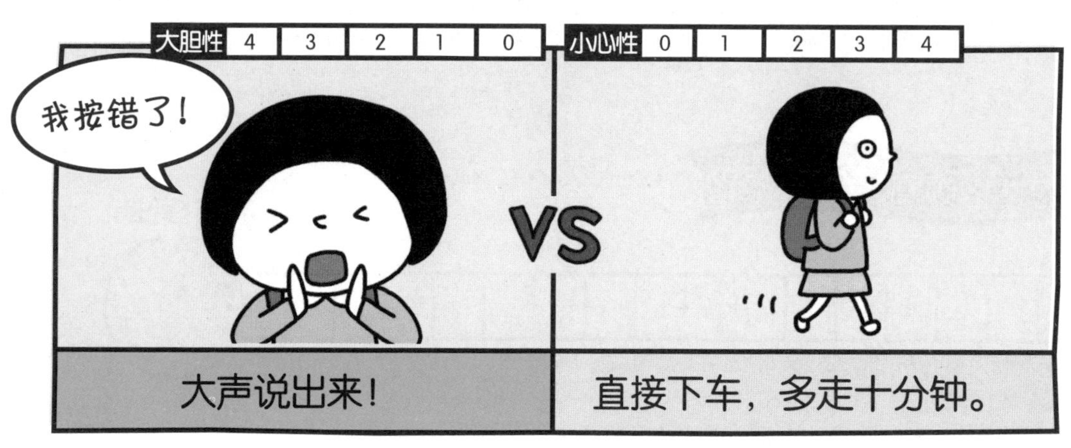

大胆性 4 3 2 1 0
小心性 0 1 2 3 4
我按错了！
VS
大声说出来！
直接下车，多走十分钟。

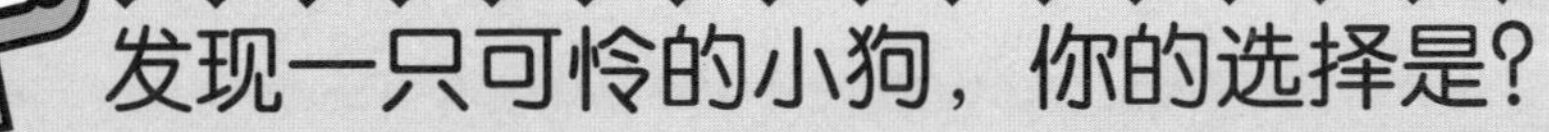
题2.
大胆性/小心性
发现一只可怜的小狗，你的选择是?

走在路上，不远处的巷子里传来了小狗的叫声。
你发现了一只瑟瑟发抖的小狗。
汪
有一个很吓人的叔叔在欺负小狗！
看什么看！
叔叔冲着你大喊。
大胆性 4 3 2 1 0
小心性 0 1 2 3 4
VS
朋友
一把抱起小狗，赶快逃跑。
拉开距离后，偷偷求助。

题3. 大胆性/小心性

想要表达感谢，你的选择是？

班里有一个非常热心的同学。

你生病的时候，是她帮你做值日，打扫卫生。

你一直想要感谢她！

有一天，你去买面包吃，

得到了两张电影票！

用这个感谢她……

大胆性	4	3	2	1	0

小心性	0	1	2	3	4

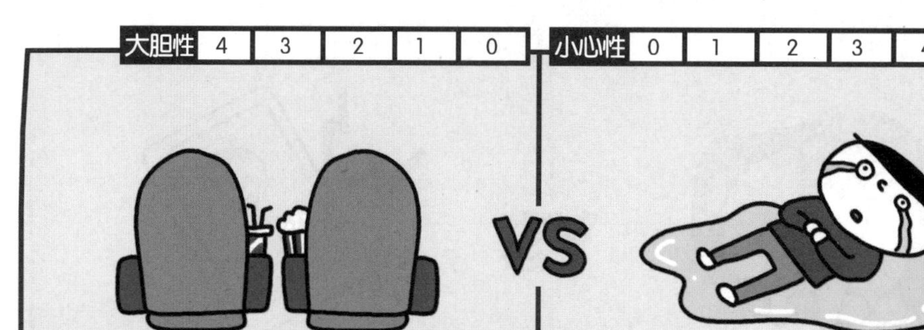
VS

和她说一起去看电影吧。

我不好意思！根本开不了口。

题4.
大胆性/小心性

轮到你唱歌了，你的态度是？

你和朋友们讨论着要玩点什么，
然后一起到了KTV！
KTV
你们点好了各自喜欢的歌。

朋友们唱得很开心。

你一边摇着铃鼓一边欢呼！

天蓝蓝 水清清
看日出 看云海

轮到你了……

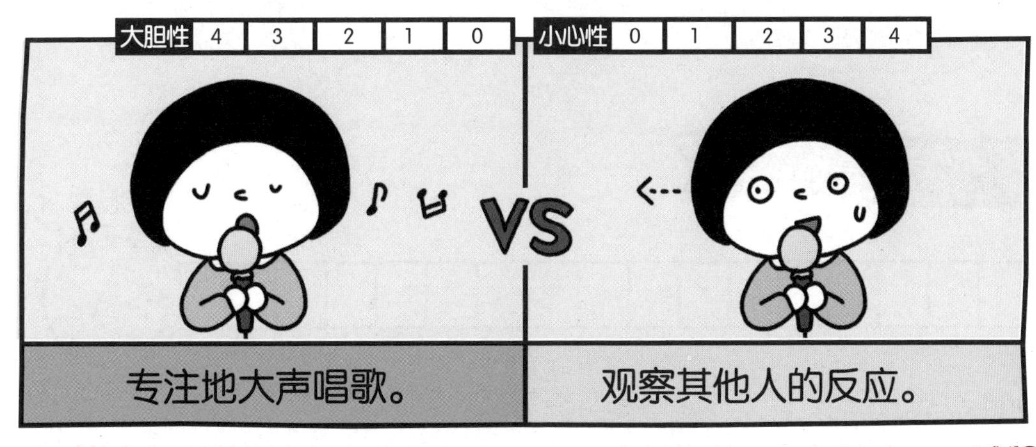
大胆性 4 3 2 1 0
小心性 0 1 2 3 4
VS
专注地大声唱歌。
观察其他人的反应。

所谓的
“大胆性”
是什么呢?

大胆是指胆子大，心里鲜有畏惧，与“豹子胆”“强心脏”差不多。大胆的人在面对任何事的时候，都会展现出无所畏惧的模样。

大胆性的优点

人生在世会有很多需要勇气的事情，大胆的人不会害怕，欣然接受挑战，有可能得到很大的回报。如果在这种时候露出帅气的模样，当然会超级受欢迎！

大胆性的缺点

当碰到危险的事情，大胆的人会比别人先冲上去。如果只是丢脸倒是没什么，但也可能会受重伤。如果不想逞匹夫之勇，就需要思考自己有没有足够的实力哦！

你的性格倾向是什么呢?

大胆性

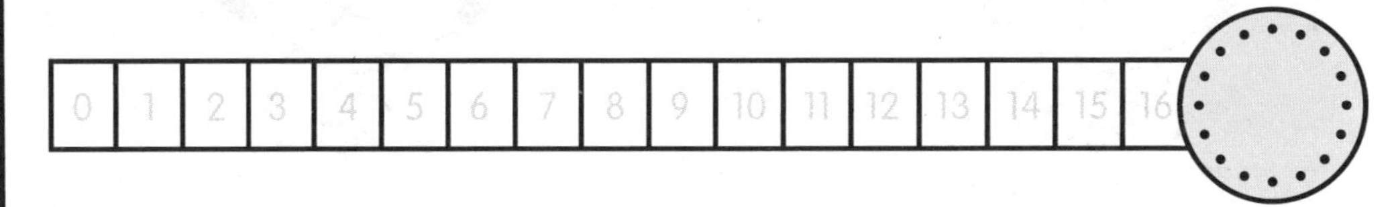
0 1 2 3 4 5 6 7 8 9 10 11 12 13 14 15 16

所谓的
“小心性”
是什么呢？

小心，顾名思义就是谨小慎微、小心谨慎的意思，可不要误会成心胸狭窄、小肚鸡肠哦！这是一种做事的时候没有勇气，过度小心翼翼的性格倾向。无论是过去还是现在，大家都会认为这是一种不好的性格倾向，但了解后你会发现，它有很多隐藏的优点。

小心性的优点

只有自己有把握的事情才会开始去做，所以一般情况下，只要是自己选择的事情，小心的人一般都不会失败。而看上去很危险的事情，他们理所当然不会冲上去，总是能幸免于难。又因为一直活得很小心，也几乎不会给别人造成麻烦。

小心性的缺点

小心的人根本无法对别人说出一句拒绝的话，可能总会吃亏，只能独自吃力地完成别人推脱的事情。虽然都说这样的人很善良，可要是并非心甘情愿，那就不是善良，只是小心。对于小心的人来说，尤其需要获得拒绝的勇气。

你的性格倾向是什么呢？

小心性

0	1	2	3	4	5	6	7	8	9	10	11	12	13	14	15	16

题1. 决断性/慎重性

面对非常喜欢的衣服，你的选择是？

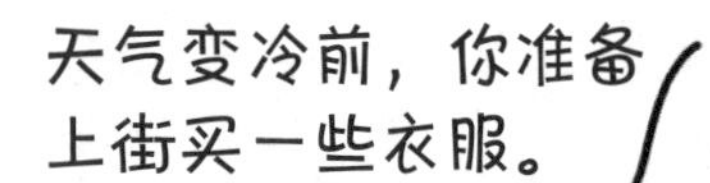
天气变冷前，你准备
上街买一些衣服。

今天去商场逛逛吧。
OOO

刚一进商场就看
到了一件喜欢的
大衣。

导购说这件衣服卖得很
好，经常断码。
好漂亮！

这些钱正好可以买一件……
?
?
可之后再看到更喜欢的怎么办？

决断性 4 3 2 1 0
慎重性 0 1 2 3 4
现在不买，
可能就买不
到了！
VS
这件也很漂亮！
立刻就买！
逛一逛再决定比较好。

题2. 决断性/慎重性

去便利店，你的态度是？

你和朋友们一起去便利店。
24小时
1+1
有一位朋友很快就选好了要买的食物，
直接走向了收银台。
可另一位朋友却在看手机。
你在干吗？
我想看看评价说哪个好吃，然后再买！
决断性 4 3 2 1 0
慎重性 0 1 2 3 4
VS

马上决定好要买什么。

深思熟虑，想很久才做决定。

题3. 决断性/慎重性

面对突如其来的提议，你的选择是？

某一天，
轻拍

朋友和你开了个玩笑！
啊啊！

然后拔腿就跑。
嗖
你给我站住！

你跑得超快，
一下就抓住了朋友！
没想到被体育老师看到了。
你有跑步的天赋！
要不要加入田径部？

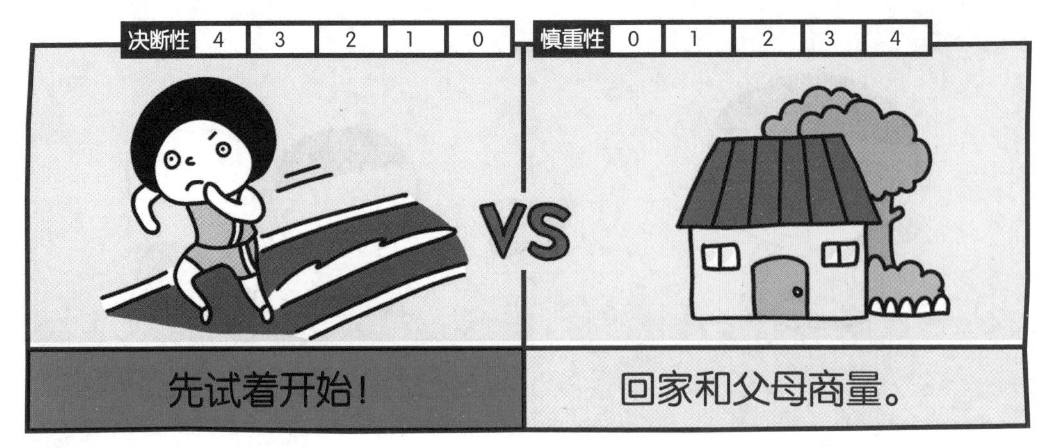

决断性 4 3 2 1 0
慎重性 0 1 2 3 4
VS
先试着开始！
回家和父母商量。

题4. 决断性/慎重性

题目非常简单，你的选择是?

你正准备写作业，
老师走了进来。

除了笔，其他东西都收起来。

突然袭击。

今天有考试……
心怦怦跳
完蛋了……

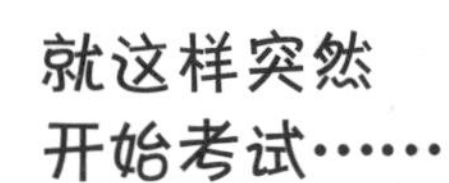

就这样突然
开始考试……

哎?

题目意外简单!

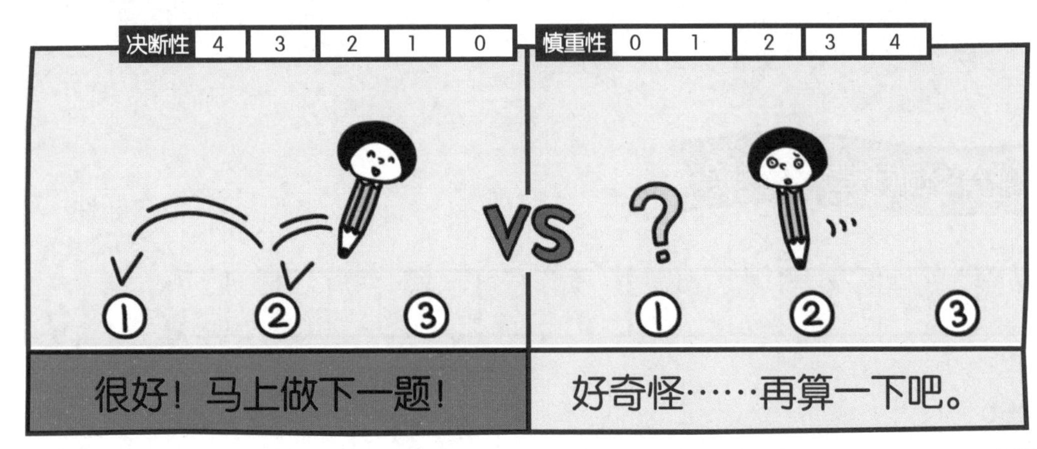

决断性 4 3 2 1 0
慎重性 0 1 2 3 4
① ② ③
VS
① ② ③
很好！马上做下一题！
好奇怪……再算一下吧。

所谓的“决断性”是什么呢？

3:00

电影里经常会有主人公为了拆炸弹，而思考剪哪一根电线的紧张情节。而“决断性”说的就是在紧要关头决定某件事情时，不优柔寡断、果敢下决断的性格倾向。人生在世要作很多决定，并不是总有很多时间来思考哦！

决断性的优点

像足球队教练一样，需要根据球员的个人能力和现场局势来决定上场位置。如果教练优柔寡断，无法决断的话，球员们也会跟着不知所措。无论什么事，拖太久都没有好处，从这一点来说，有决断性的人更适合做领导者。

决断性的缺点

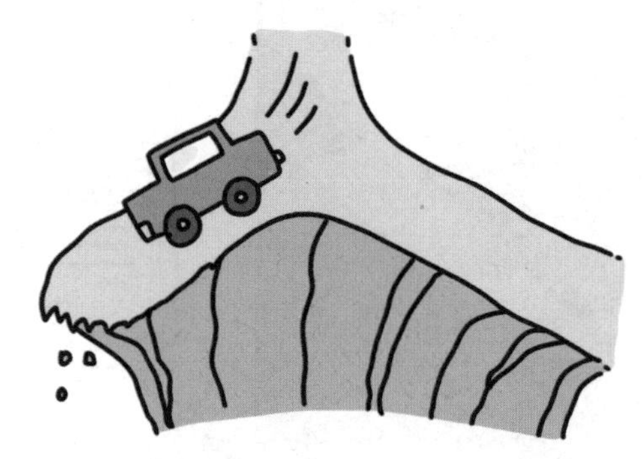

太急于做决定，也可能会缺乏充分的思考。所以，在决定非常重要的事情时要谨慎一点，以免有所遗漏，或有考虑不周的地方，也可以好好听取周围人的建议后再做决定。

你的性格倾向是什么呢？

决断性

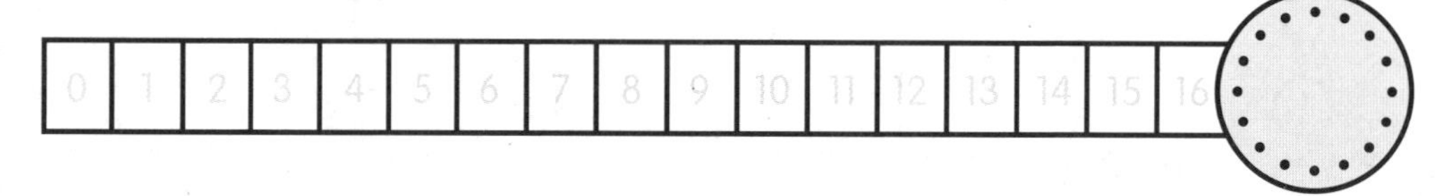

0 1 2 3 4 5 6 7 8 9 10 11 12 13 14 15 16

所谓的
“慎重性”
是什么呢?

具有“慎重性”的人在决定事情时，会充分思考、不断斟酌。做决定前，必须确认好一切才能放心。这种所谓“摸着石头过河”的性格倾向，就可以称之为“慎重性”。

慎重性的优点

慎重性强的人对于一件小事，也会反复思考后再做决定。这样一来，就几乎不会有遗漏的地方。而且这个优点还可能带来节约的好处，让人不乱花钱、不冲动购物，而是思考某件东西是否真的值得一买。

慎重性的缺点

○○餐厅
菜单
7.000
10.000
6.000
5.000
10.000
8.000

慎重性强的人往往要花太长时间才能做决定。要知道事情再怎么重要，如果错过了做决定的时机，也就没有任何意义了，甚至等同于没做决定。如果这个决定很重要，就定好一个最后的期限，养成在此之前做决定的习惯。如果这个决定不重要，那就随便选一个吧！

你的性格倾向是什么呢?

慎重性

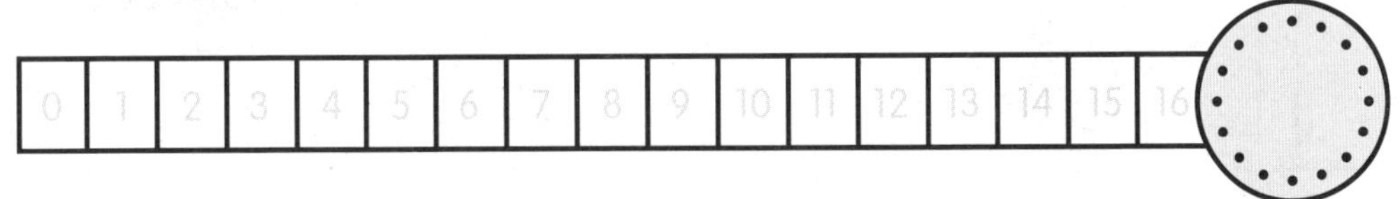
0 1 2 3 4 5 6 7 8 9 10 11 12 13 14 15 16

题1. 外向性/内向性

早起的清晨，你的选择是？

周日你好不容易早起。
哈啊。
想起了昨天的事情。
昨天很高兴。
你和朋友们在小区游乐园玩得超开心。
玩拍纸片，
你赢了超多纸片！
对了，今天玩点什么呢？
4月20日 天气晴
我是超级纸片王！
看着昨天写的日记，你想了想。

外向性 4 3 2 1 0
内向性 0 1 2 3 4
VS
出去和朋友们更开心地玩！
也需要一个人休息的时间。

题2. 外向性/内向性

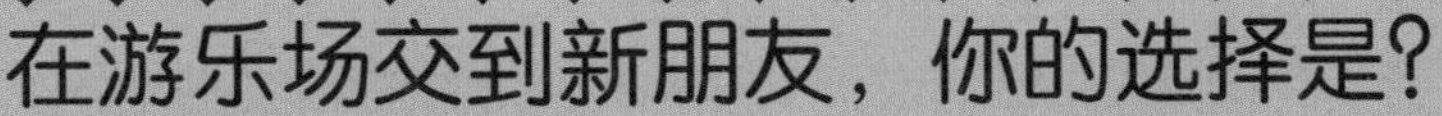

在游乐场交到新朋友，你的选择是？

来到游乐场。
今日目标是超长过山车——超级列车！
因为要排很长时间的队，你就和站在前面的人闲聊了好一会儿。
终于轮到你们了。
过山车超级刺激！
结束啦！现在该去别的地方了。
外向性 4 3 2 1 0
内向性 0 1 2 3 4
接下来是这里！
OK!
VS
一起玩吧。
不好意思地告别，然后分开。

题3. 外向性/内向性

休息三天，你的选择是？

明天是端午节！

要放三天假！
6月
22 23 24
端午节

想要假期过得充实，就要制订计划。
Z Z

第一天见朋友！
第二天在家里休息。
那剩下的一天呢？
24

外向性 4 3 2 1 0
内向性 0 1 2 3 4
VS
和朋友一起度过。
独自度过。

题4. 外向性/内向性

和朋友聊天，你的态度是？

老师在的时候，教室里鸦雀无声。
只要到了休息时间，就超级热闹！
欣然！
你看到这个视频了吗？
曼妥思放进可乐里引发“爆炸”，把家里搞得乱七八糟。
看了！太好玩了！
和朋友聊天的时候你是……
外向性 4 3 2 1 0
内向性 0 1 2 3 4
VS

话很多的类型。	比起说，更倾向于听的类型。

所谓的“外向性”是什么呢?

如果比起自己一个人玩，更喜欢和朋友们一起玩，比起在家里玩，更喜欢在外面玩，这就是外向性。这是比起自己更关注其他人的一种性格倾向。其实，源自外向性的这种关注并不只是针对其他人，还会延伸至家外面的世界，所以会更喜欢外面的活动。这种性格倾向与外面的“外”字真的再合适不过了。

外向性的优点

习惯关注其他人，会主动交流，很容易交到朋友。和别人相处时会感觉很放松，充满能量，无疑是一种会有很多朋友的性格倾向。又因为和很多人一起相处，会面对多种多样的意见，所以比起内向性的人，更偏向于客观思考。

外向性的缺点

没有朋友就活不下去，所以比起内向性的人，会更加害怕孤独。总是关注其他人的生活，可能没有机会真正关心自己，会不太擅长独自一人做事。所以，也要学会偶尔享受一下一个人的悠闲时间，花点时间去审视自己哦。

你的性格倾向是什么呢?

外向性

0	1	2	3	4	5	6	7	8	9	10	11	12	13	14	15	16

所谓的
“内向性”
是什么呢?

如果比起和很多人一起玩，更喜欢自己一个人玩，比起在外面玩更喜欢在家玩的话，这就是内向性，即更关注自己的性格倾向。而“内”意味着“我的内心”。正因如此，内向性的性格倾向会使人更倾向于做独自钻研的活动。

内向性的优点

可以不知疲惫地进行自我开发，尤其是对可以独自一人完成的事情，会展现出无限的专注和耐心。据说留下卓越研究成果的伟人很多都是内向性强的人。内向的人会独自烦恼，习惯主观思考，在艺术领域也会更有优势。

内向性的缺点

不太关注别人，不会主动交流，也就没什么朋友。而且和别人交流得少，很可能觉得自己的想法就是正确的，并一直这样认为。但总是主观思考，就很难明白其他人的想法。要想了解其他人在想什么，如何行动的，就少不了适当的交流哦！

你的性格倾向是什么呢?

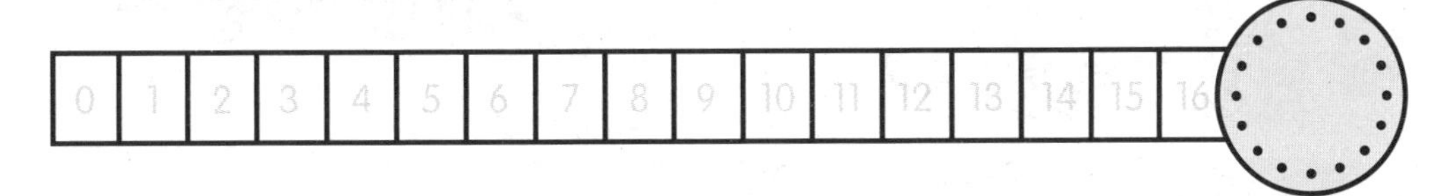

内向性
0
1
2
3
4
5
6
7
8
9
10
11
12
13
14
15
16

题1.

胜负欲

关于对手，你的想法是？

有两个朋友是对手关系。

无论是学习还是运动的时候，
他们都会竞争。

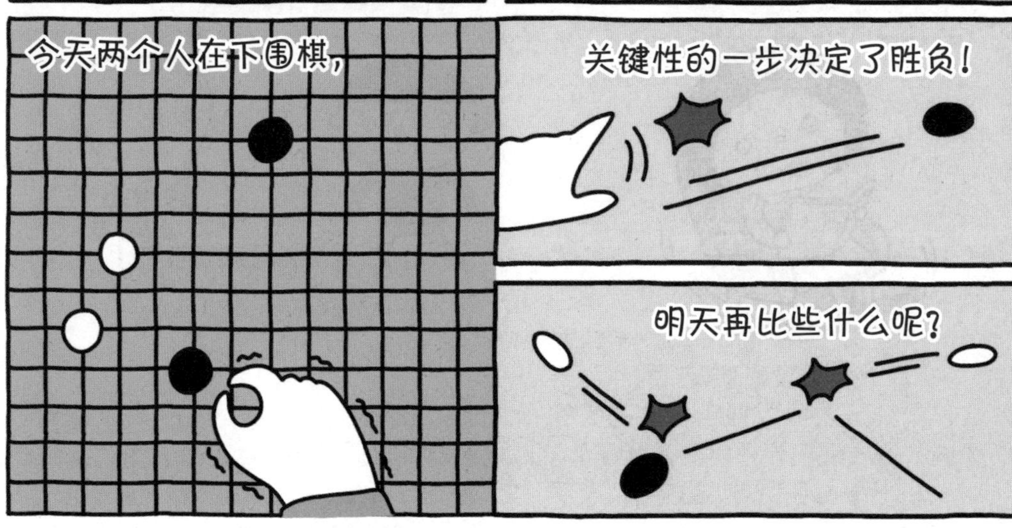
今天两个人在下围棋，
关键性的一步决定了胜负！
明天再比些什么呢？

胜负欲
4
3
2
1
0
VS
我也有对手就好了！
我不需要对手。

题2.

胜负欲

热火朝天的陀螺比赛，你的态度是？

最近，打陀螺在学校里非常受欢迎！

可一般的陀螺赢不了贵的陀螺。
你开始改造陀螺！
哐！

呼……搞定！
这是你改造的陀螺打响的第一战！
可你的陀螺很快就被打败了！

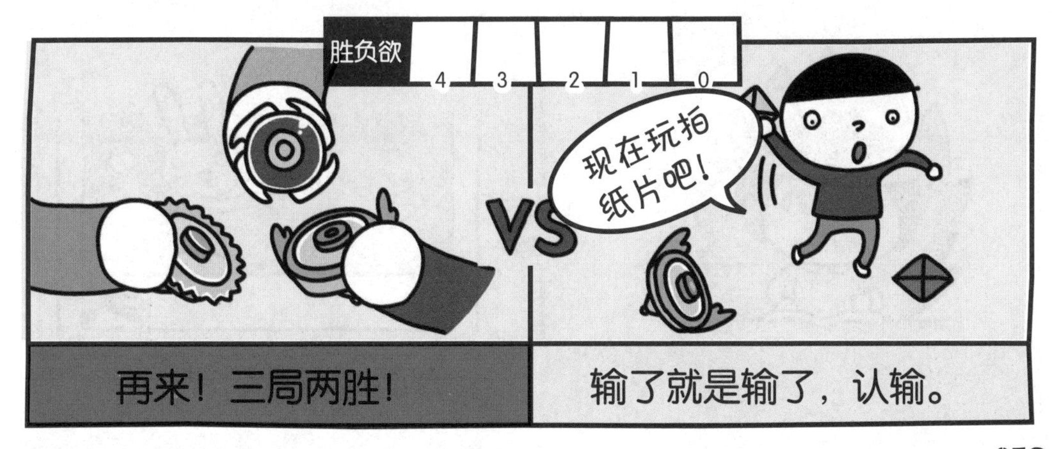
胜负欲
4
3
2
1
0
现在玩拍纸片吧！
VS
再来！三局两胜！
输了就是输了，认输。

题3. 胜负欲

考试分数比你高，你的反应是？

前不久的考试出了结果。

你趁大家没看见，
偷偷拿走了试卷。

然后收到了
朋友的信息。
叮叮

你英语多少分？
保密。
就告诉我吧！
80分！
哈哈！我考了90分！

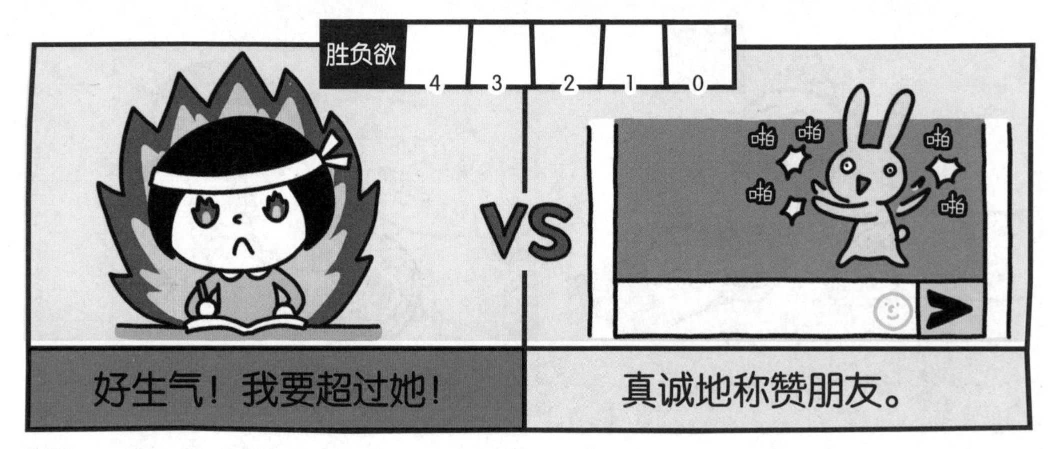

胜负欲
4
3
2
1
0
啪
VS
好生气！我要超过她！
真诚地称赞朋友。

题4. 胜负欲

没什么时间了，你的选择是?

和朋友们玩捉迷藏。
你负责抓人，寻找他们。
椅子下面有一个！
可剩下的一个人却怎么也找不到……
?
水龙头边有一个！
快到回家的
时间了……

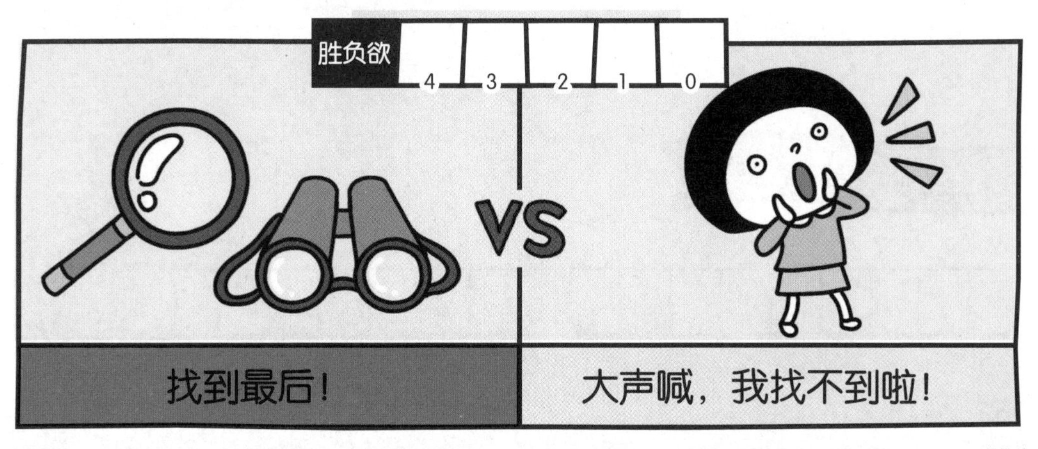

胜负欲
4
3
2
1
0
VS
找到最后！
大声喊，我找不到啦！

所谓的
“胜负欲”
是什么呢?

体育比赛就一定有胜利的队伍和失败的队伍，以这种方式分出结果就叫作“胜负”。胜负欲强的人喜欢和人竞争，并取得胜利。他们更关注有排名的事情，对能分胜负的事情更加充满干劲。

胜负欲的优点

胜负欲强的人非常讨厌落后于人。如学习、运动等领域，大多会排名次，因此他们也会相应地更加努力。但若任何事情都不区分第一名和最后一名，那他们会不会对所有事情都丧失兴趣?

胜负欲的缺点

胜负欲强的人对失败者会过于苛刻。他们很容易产生将世界一分为二，分成胜者和败者的错误想法。嘲笑输的人是不对的，而自己输了时，过分自责也不好哦！谁都有失败的时候，让我们养成正确对待失败的好心态吧！

你的性格倾向是什么呢?

0	1	2	3	4	5	6	7	8	9	10	11	12	13	14	15	16	胜负欲

题1. 开放性

对待国外的朋友，你的态度是？

弟弟的朋友——威廉。
可能因为来自国外，
他和我们有些不一样。
嗖

吃饭的时候不会用筷子，而是用叉子。

但这并不算问题。

真正的问题是……
欣然！
他对身为姐姐的我直呼其名！
Hi
开放性
4
3
2
1
0
VS
姐姐
也情有可原啦。
让他改正。

题2.

开放性

看到穿裙子的男孩，你的反应是？

一大早，班里就很热闹。
大家到底在说什么呢？
发生什么啦？
朋友指向了教室一侧。
威廉穿着裙子！
男生穿什么裙子！
同学们对威廉的裙子议论纷纷。
怎么了？没必要以衣着来区分性别吧？
开放性
4
3
2
1
0
VS
对！这样也没问题。
很奇怪啊！

题3.
开放性
朋友染了头发，你的反应是？
有一天你接到了朋友的电话。
010—
反正现在放假，我想染个头发试试……
听说有一种洗发水就能染色，是一次性的……
第二天，朋友将头发染成了蓝色！
为什么是蓝色？！
黄色太普通了吧？
你要不要也试试染发洗发水？
开放性
4
3
2
1
0
VS
很感兴趣。我要试试！
我才不要。

题4. 开放性

对不感兴趣的音乐，你的选择是？

你喜欢摇滚乐。
打开音乐，便兴奋得手舞足蹈。
有种自由翱翔的感觉！
你和朋友聊起了喜欢的音乐，
朋友却给你推荐古典音乐。
不无聊吗？
心会静下来。
开放性
4
3
2
1
0
古典乐
VS
摇滚乐

虽然不感兴趣，但会听一听。	不感兴趣，所以不太会听……

所谓的“开放性”是什么呢？

听说过“敞开心胸”这句话吗？也许你会想，心胸又不是门，怎么敞开啊。其实这是让你进行开放性思考的意思。开放性是一种在第一次接触不认识的事物时，可以毫无抵触地接受的性格倾向。开放性强的人会毫不忌讳地接受国外的文化，或者愿意尝试第一次看到的新技术。因为态度和想法是敞开的，所以叫作“开放性”。

开放性的优点

开放性高的人不会因为别人和自己想的不一样，做的不一样，就排斥对方。他们会欣然接受对方的想法，并愿意去尝试不同的事物。

开放性的缺点

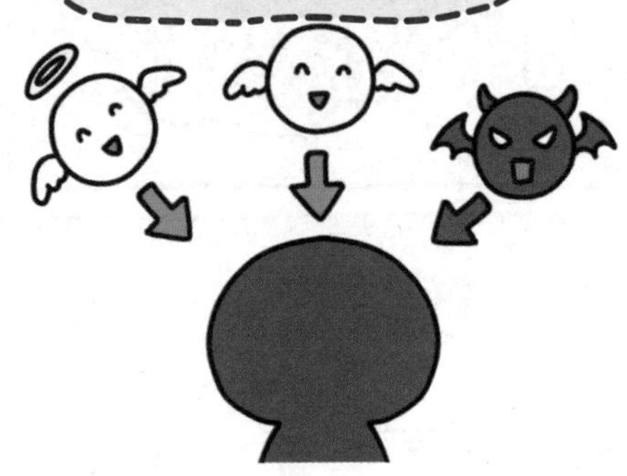

如果无论什么时候，都毫无思考地全盘接受，会容易受周围环境的影响，也会轻易接受不好的事物，这就会成为问题。虽然希望身边都是好人，可难免会出现不好的人。所以我们需要一种智慧，让我们在接触新事物时判断它的好坏，并过滤掉坏的部分。

你的性格倾向是什么呢？

开放性

0	1	2	3	4	5	6	7	8	9	10	11	12	13	14	15	16

题1.

好奇心

关于好奇，你的想法是？

你有一个朋友，她会对很多东西感到好奇。

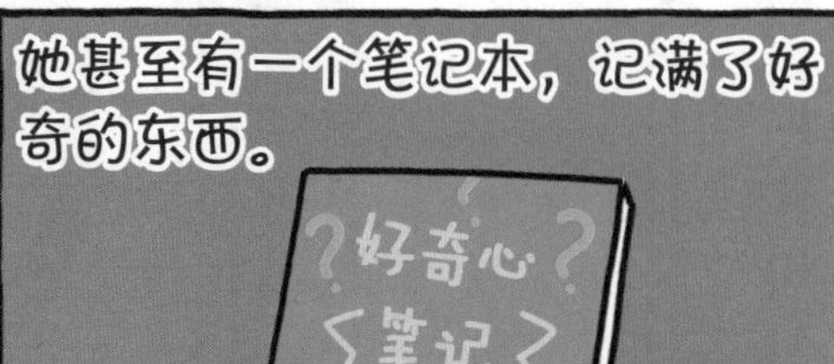
她甚至有一个笔记本，记满了好奇的东西。
好奇心
笔记

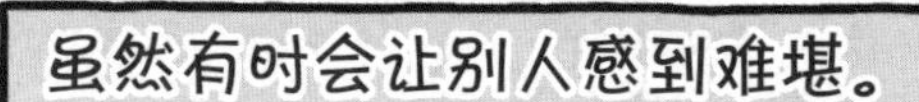
虽然有时会让别人感到难堪。

哗啦啦
哗啦啦

这是什么花啊？
突然

看到这种情况时，其他朋友感到有些为难。
非得都弄清楚吗？

把需要的东西弄清楚不就行了吗？
好奇心
笔记

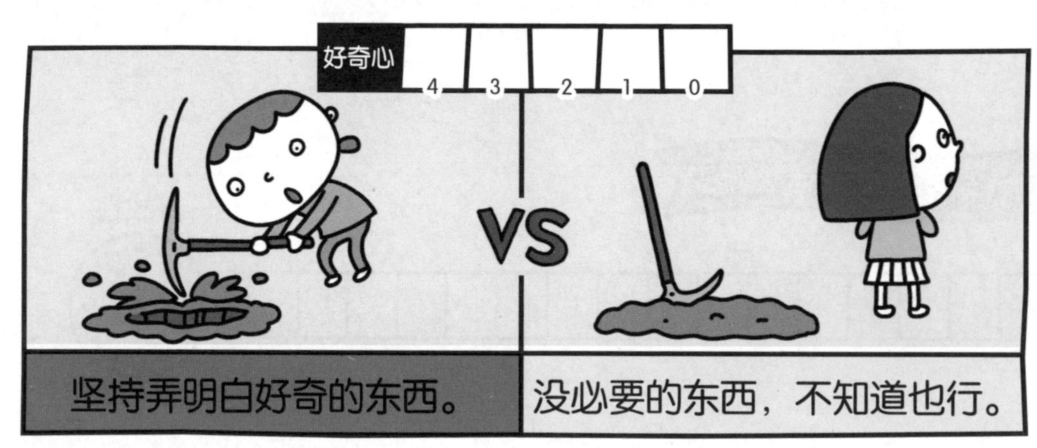
好奇心
4
3
2
1
0
VS

坚持弄明白好奇的东西。

没必要的东西，不知道也行。

题2. 好奇心

未知的奇怪物品，你的选择是？

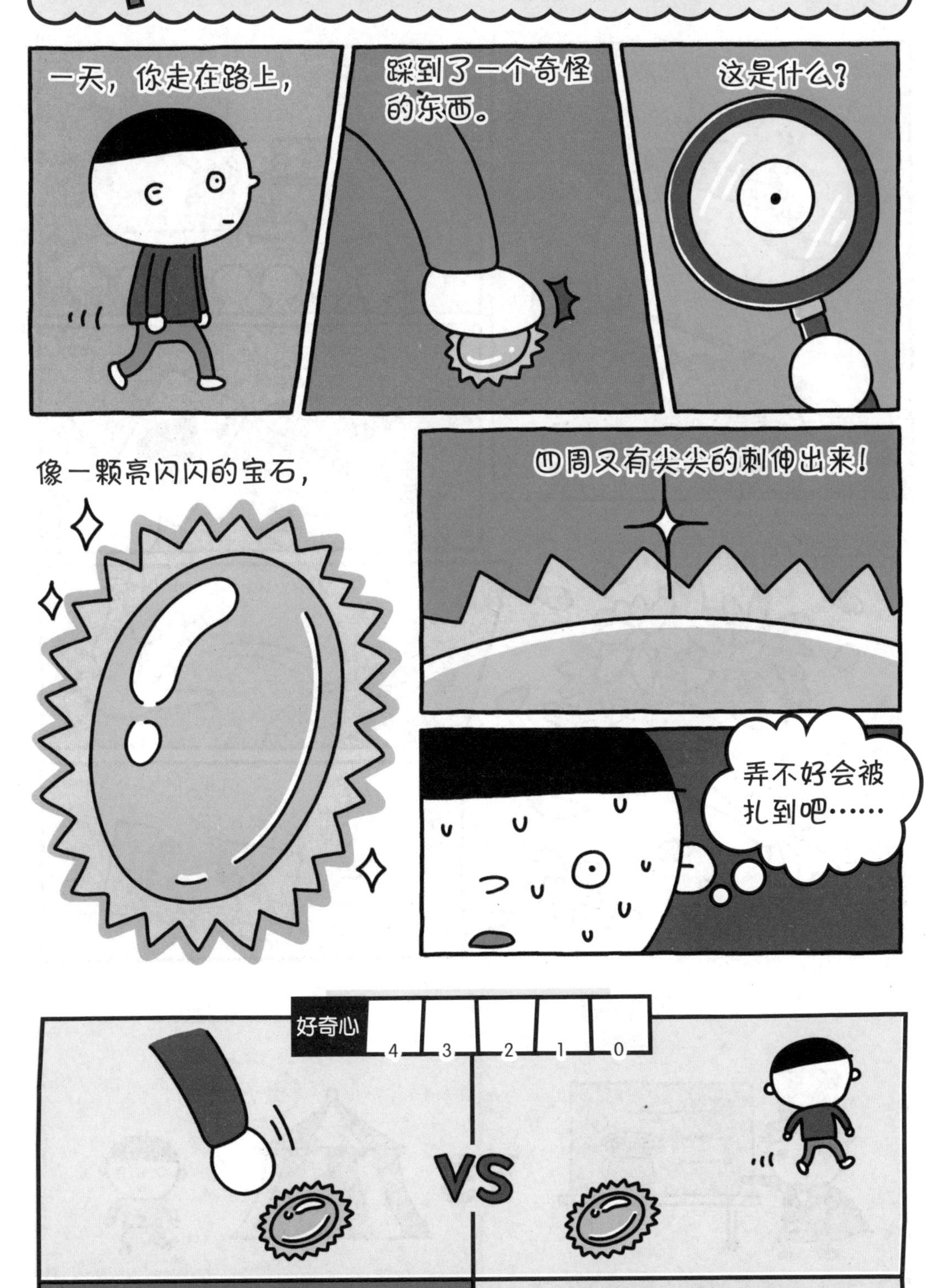

一天，你走在路上，
踩到了一个奇怪的东西。
这是什么？
像一颗亮闪闪的宝石，
四周又有尖尖的刺伸出来！
弄不好会被扎到吧……
好奇心
4
3
2
1
0
VS
亲手摸一摸。
直接无视离开。

题3.

好奇心

面对魔术师的提议，你的选择是？

小区里来了一位魔术师！

也不收门票，就给大家带来了一场表演。

他把花变成了扑克牌，

把棍子变成了花。特别神奇！

最神奇的是他从帽子里变出了一只会飞的鸽子！

魔术师说，如果付给他钱，他就告诉你们魔术的秘诀。

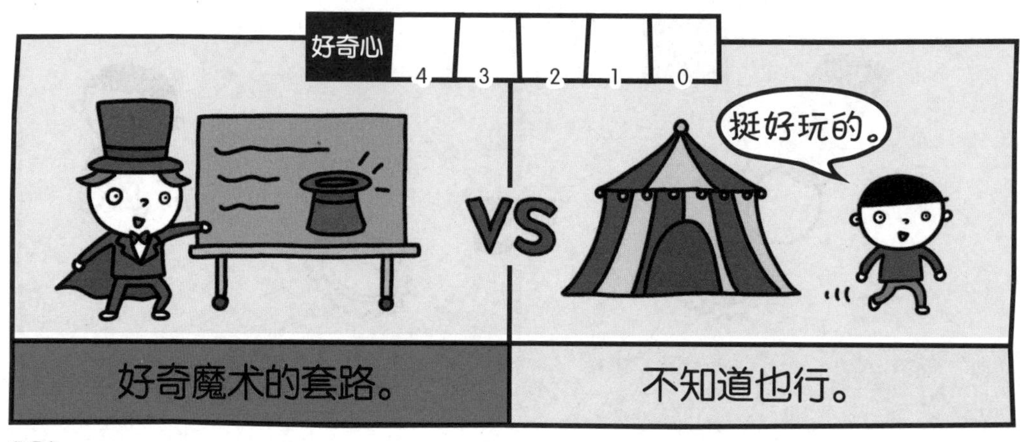
好奇心
4
3
2
1
0
VS
挺好玩的。
好奇魔术的套路。
不知道也行。

题4.

好奇心

突然产生的好奇，你的选择是？

今天来溪谷玩。

玩着玩着，你发现弟弟不见了！

打电话也没人接。
您拨打的电话不在服务区……

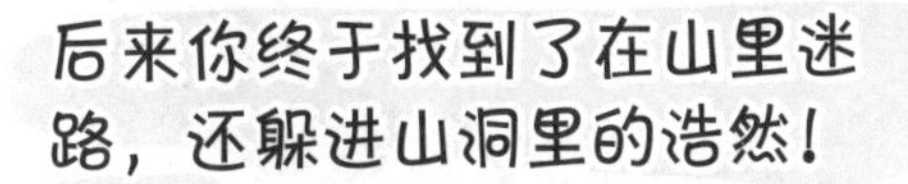
后来你终于找到了在山里迷路，还躲进山洞里的浩然！

你怎么这么让人担心呢！
姐姐！

为什么电话会打不通？
电话是如何工作的？

好奇心
4
3
2
1
0
N
VS
找出通信的原理。
继续开心地玩耍！

所谓的
“好奇心”
是什么呢?

为什么？怎么做？做什么？当这些问题总是出现在你心里的时候，就是好奇心在作祟。这是一种喜欢新鲜、神奇的事物，或是想要了解不熟悉的东西的性格倾向。好奇心越重，越会亲自采取行动，弄清问题的答案。

好奇心的优点

好奇心强的人一旦有了好奇的东西，就非得弄明白才能甘心。人类之所以能发现火、利用火也是多亏了好奇心。可以说是好奇心让人类得以发展。当然，好奇心在现在也很重要，因为技术是不断发展的。如果你以后想成为科学家，就一定要有好奇心哦！

好奇心的缺点

要是好奇心非常重，就可能做出危险的行为，甚至失去生命。因为像电、火这些既方便又危险的东西遍布于我们的生活。所以大人们警告的危险物品，就算再怎么好奇，也要注意不要靠近哦！

你的性格倾向是什么呢?

好奇心

0	1	2	3	4	5	6	7	8	9	10	11	12	13	14	15	16

题1. 挑战欲

对吉尼斯世界纪录，你的想法是？

吉尼斯世界纪录！
GUINNESS WORLD RECORDS

吉尼斯最初是爱尔兰的一家酒厂，

后来每年都会出版一本《吉尼斯世界纪录大全》。

GUINNESS WORLD RECORDS 2024

里面收集了过去一年的各种吉尼斯世界纪录。
吉尼斯认证官
FICIALLY
MAZING

人类在体育、智力或艺术方面的成就，

以及科技创新、文化和社会方面都可能创下吉尼斯世界纪录。
HOT 100
BTS

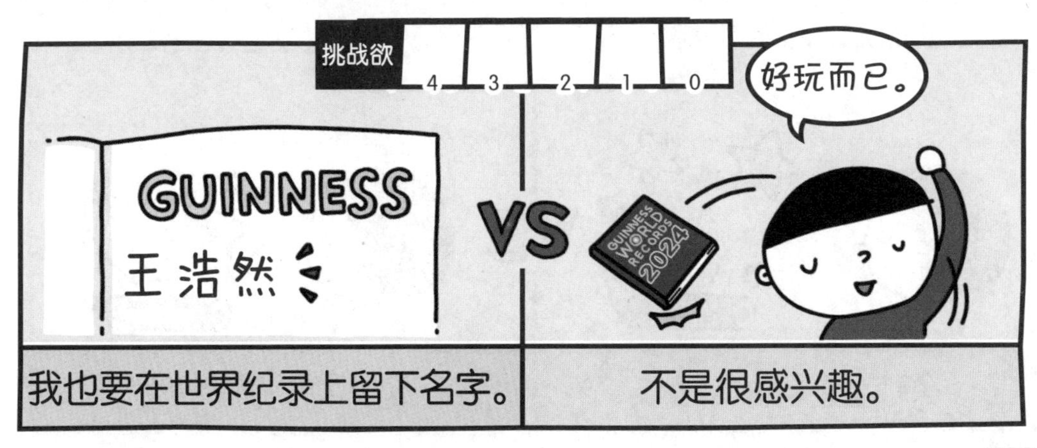
挑战欲
4
3
2
1
0
GUINNESS
王浩然
VS
好玩而已。
GUINNESS WORLD RECORDS 2024
我也要在世界纪录上留下名字。
不是很感兴趣。

题2.

挑战欲

餐厅出了新品，你的选择是？

你总去的一家韩餐厅。
〇〇 小吃

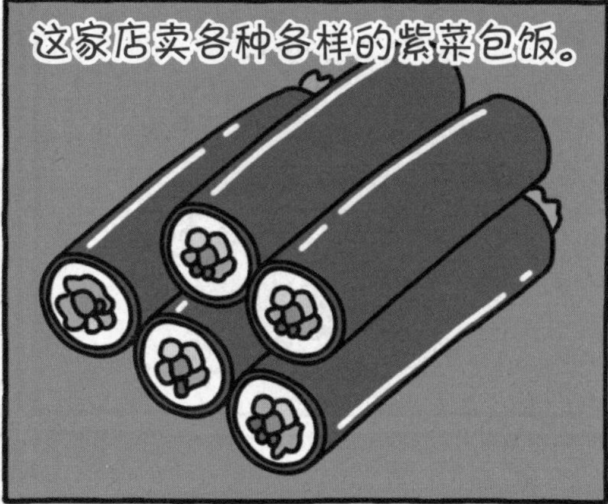
这家店卖各种各样的紫菜包饭。

好几种都很好吃，

但你最喜欢的还是金枪鱼紫菜包饭！

今天餐厅的菜单换了。

竟然推出了新品！

菜单
新品
特制紫菜包饭
畅销
金枪鱼紫菜包饭

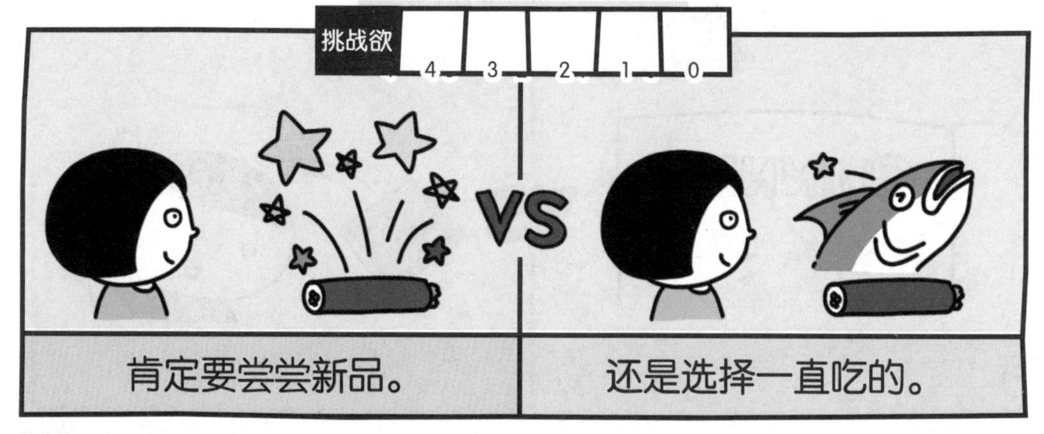
挑战欲
4
3
2
1
0
VS

肯定要尝尝新品。

还是选择一直吃的。

题3.

挑战欲

对游戏的难度，你的选择是？

今天，朋友把游戏借给你玩。
恐龙
还给了你一个忠告……
这个游戏非常难！
分为“一般”难度和“困难”难度，
困难
大部分人都会选择“一般”难度。
一般
怎么选呢？
挑战欲
4
3
2
1
0
VS

挑战“困难”难度！

挑战“一般”难度！

题4.

挑战欲

从没试过的单板滑雪，你的选择是？

你和朋友一起去了滑雪场。
乘坐缆车到达高处后，
你踩着双板，开开心心地从山坡上滑了下来。
突然，一个人出现在你旁边。
嗖！
你还在滑双板？怎么也得会滑单板啊！
“怎么样，要不要试试？”
挑战欲
4
3
2
1
0
VS
虽然没滑过，但要挑战！
继续滑熟悉的双板。

所谓的“挑战欲”是什么呢？

有人只想做自己熟悉的事情，也有人总想挑战新事物。这种想要挑战的欲望就是“挑战欲”，它会让人想要挑战困难的事，或是没做过的事。有挑战欲的人会享受挑战本身，越是困难，他们越是兴奋。

挑战欲的优点

你想成为越来越有作为的人吗？那就需要挑战欲。人如果只做自己熟悉的事情，长此以往能做、会做的事情就不会太多。挑战欲强的人会不断挑战自己目前做起来很吃力的事情，所以他们能获得越来越多的、各种各样的能力。

挑战欲的缺点

挑战失败支付500元
20分钟！

挑战欲太强也可能造成时间和金钱的浪费。因为就算是没必要的事情，挑战欲强的人也会想站出来试试，导致自己无法长期专注在一件事情上。体验新事物是好的，但以自己的兴趣为出发点再去挑战会更好哦！

你的性格倾向是什么呢？

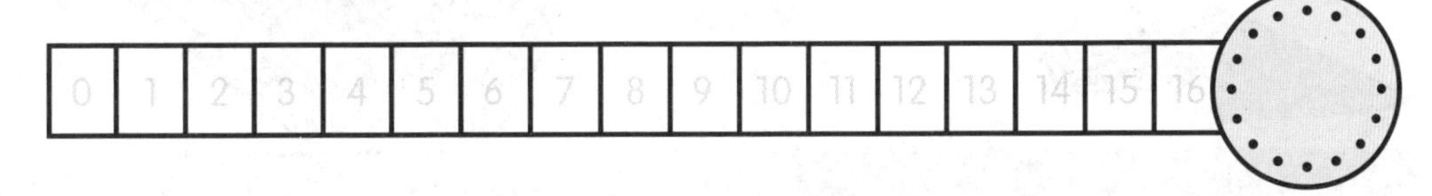
挑战欲
0
1
2
3
4
5
6
7
8
9
10
11
12
13
14
15
16

题1.

热情

对于兴趣爱好，你的想法是？

去附近的公园散步，

发现小区里认识的哥哥在唱歌。

哥哥把麦克风推向了你。
这个麦克风，怎么样？
很帅啊~

“我跟你说，它超级贵！足足花了我600元！”
哈哈哈！因为唱歌是我的爱好！

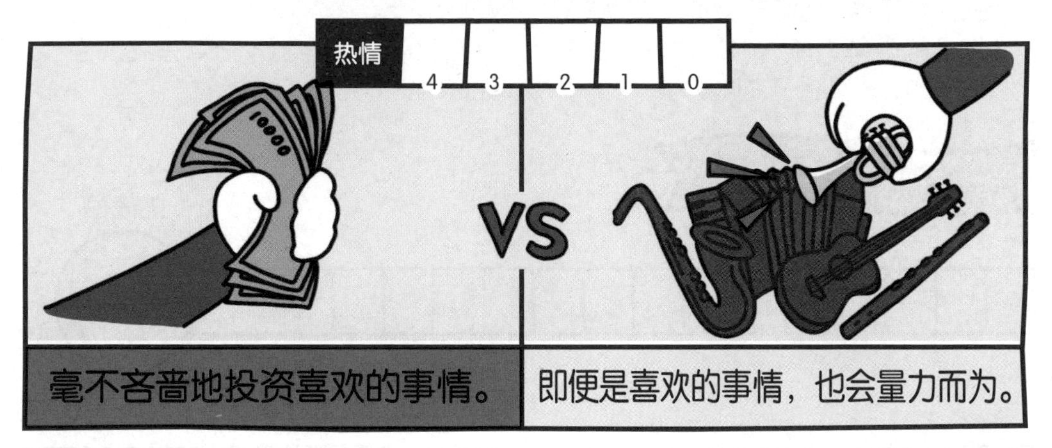
热情
4
3
2
1
0
10000
VS

毫不吝啬地投资喜欢的事情。	即便是喜欢的事情，也会量力而为。

题2. 热情

为梦想而牺牲，你的想法是？

正在看电视……

发现有一位演员好像有点儿眼熟。

“浩然，那个人是谁来着？”
嗯？莫名有点眼熟……

“对！这不就是那个长得很帅的演员吗？！”

上网查了之后才知道，他本来的体重是70千克，

100Kg
为了拍电影，特意胖了30千克！

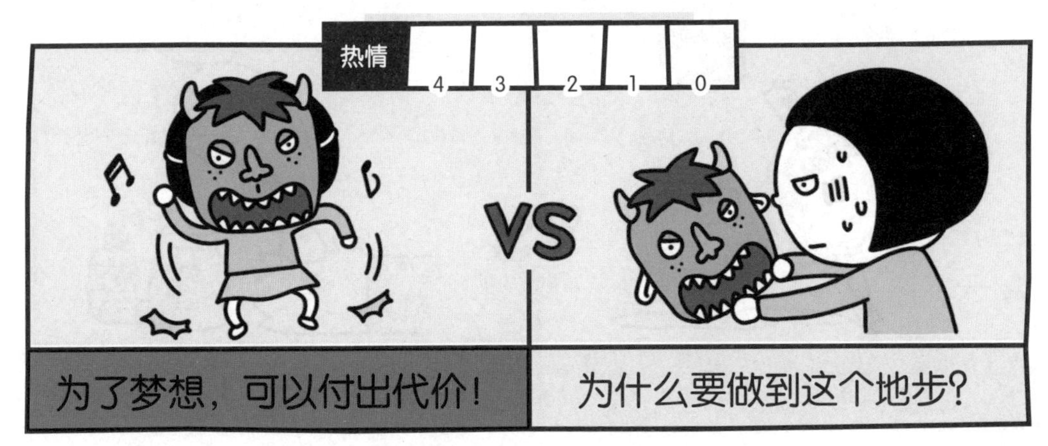
热情
4
3
2
1
0
VS
为了梦想，可以付出代价！
为什么要做到这个地步？

题3.

热情

滑冰时受了伤，你的选择是？

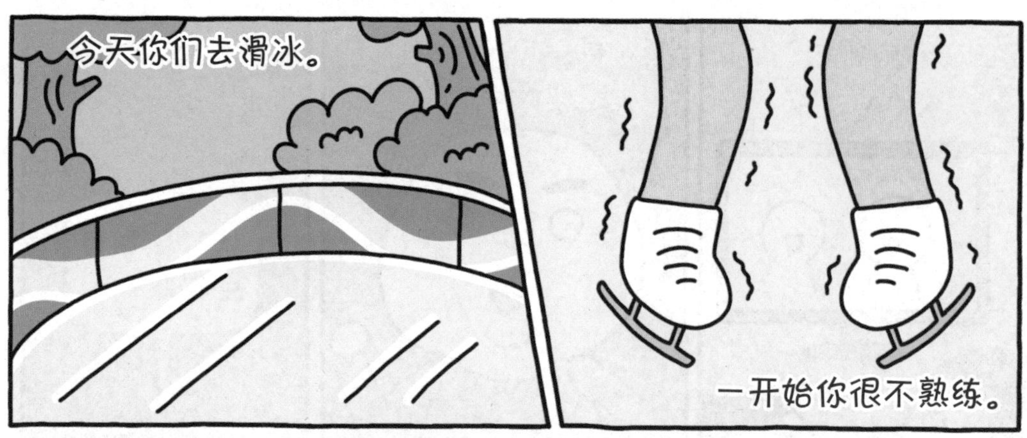
今天你们去滑冰。
一开始你很不熟练。

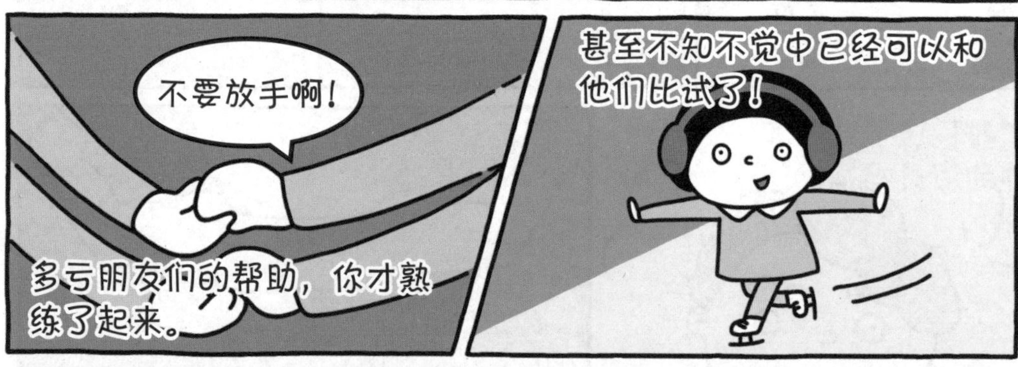
不要放手啊！
多亏朋友们的帮助，你才熟练了起来。
甚至不知不觉中已经可以和他们比试了！

当你滑得太忘乎所以时……
哎哟！

你不小心摔倒了，手也受了伤！

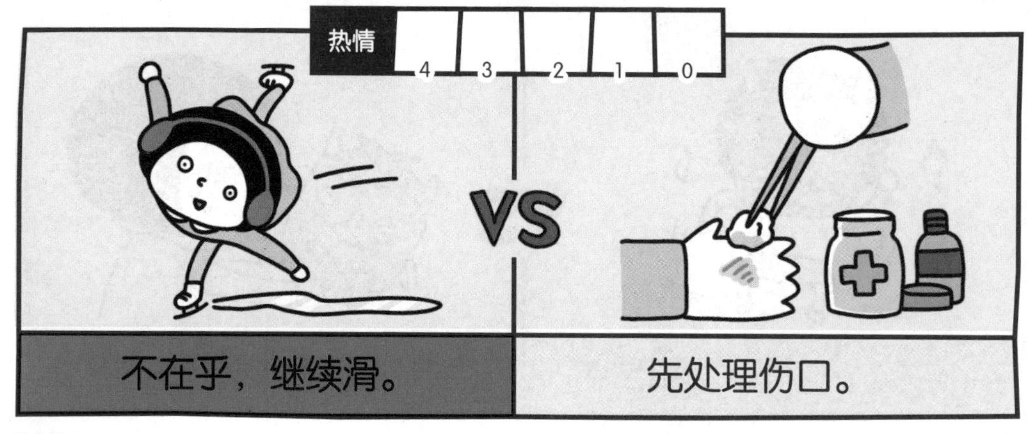
热情
4
3
2
1
0
VS
不在乎，继续滑。
先处理伤口。

题4. 热情

遇到喜欢的事情，你的态度是？

你的朋友英语学得不太好，
英语
47×52=2444
38×
=4
8÷4
可数学却非常厉害！

你问她是不是有什么秘诀，她却说没有。
数学秘诀

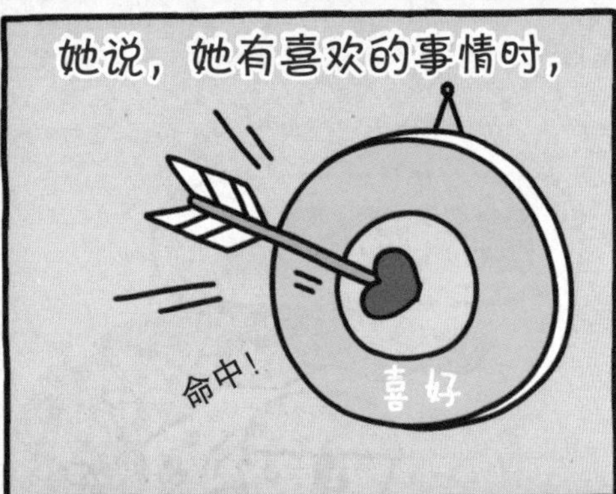
她说，她有喜欢的事情时，
命中！
喜好

喜欢的事情
径直向前！

那就理所当然能做好吗？

嗖

嗖

就会把其他事情放在一边，
只做那一件事。

热情
4
3
2
1
0
VS
我也只做喜欢的事情！
再喜欢都不会只做那一件事。

所谓的
“热情”
是什么呢？

你有特别喜欢某件事到了无法自拔的程度吗？就是对世界上的其他事都无所谓，只想做那一件事的心情。而“热情”说的就是带着这种心情，专心致志地做一件事的想法。热情的人会毫不吝啬地投入时间和金钱，甚至到了让人诧异的程度。

热情的优点

热情的人会全身心地投入到所喜爱或专注的事情中，他们会积极投入每一个环节。为了全身心投入在某件事上，即便是吃一点亏，他们也无所谓。所以就算从同一起点出发，热情的人也会比其他人实现更多东西。

热情的缺点

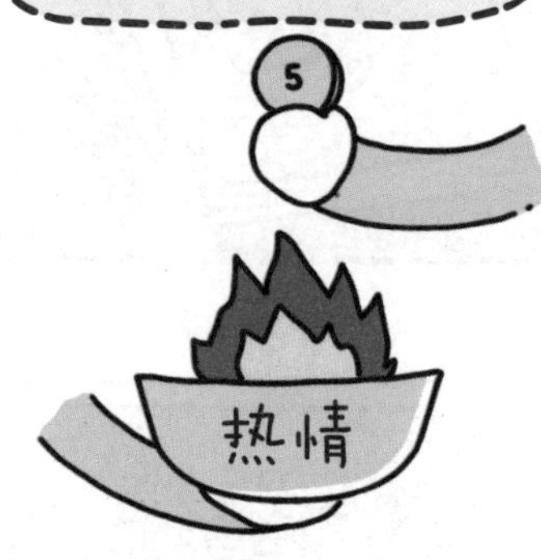
5
热情

热情的人很容易被人利用。就算别人指使他们做这个做那个，他们也会因为“喜欢”而不计代价、竭尽全力地去完成。所以在燃烧热情之前，有必要考虑一下自己的时间够不够，以及能从中获得什么。

你的性格倾向是什么呢？

0	1	2	3	4	5	6	7	8	9	10	11	12	13	14	15	16	热情

题1.

忍耐性

母亲节的礼物，你的选择是？

明天就是母亲节了。

你在考虑送什么礼物给妈妈。

最后你决定用彩纸折纸鹤！

这样，再这样折，

就折好了一只纸鹤！

呃……得多久才能装满一瓶啊？

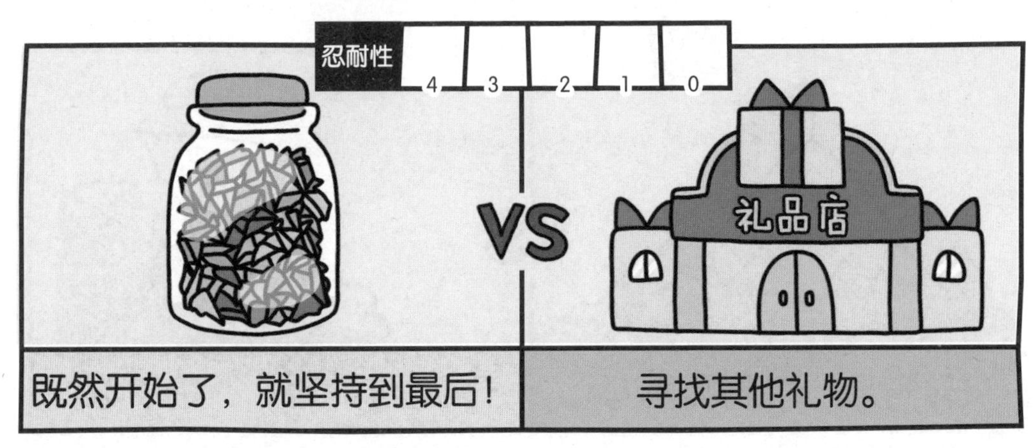
忍耐性
4
3
2
1
0
VS
礼品店
既然开始了，就坚持到最后！
寻找其他礼物。

题2. 忍耐性

离山顶还很远，你的选择是？

最近有点烦，因为你长胖了。
K9
朋友推荐你去爬山，
你就来到了后山，
流着汗爬了很久。
爬了这么久，快到山顶了吧？
什么？这么久才爬了一半！
中间点
忍耐性
4
3
2
1
0
VS

就算再难，也要爬到山顶。　　已经很满意了，开始下山。

题3.

忍耐性

遇到难题，你的选择是？

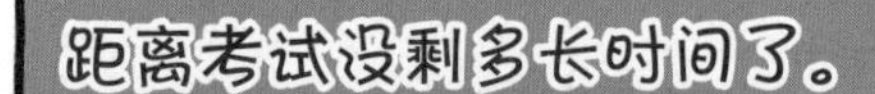
距离考试没剩多长时间了。

还有10天！

书店
你来到书店。

买了一本题集。

回家后干劲十足，
开始学习！

可总是出现很难解的题。

……要不要看看答案呢？
答案

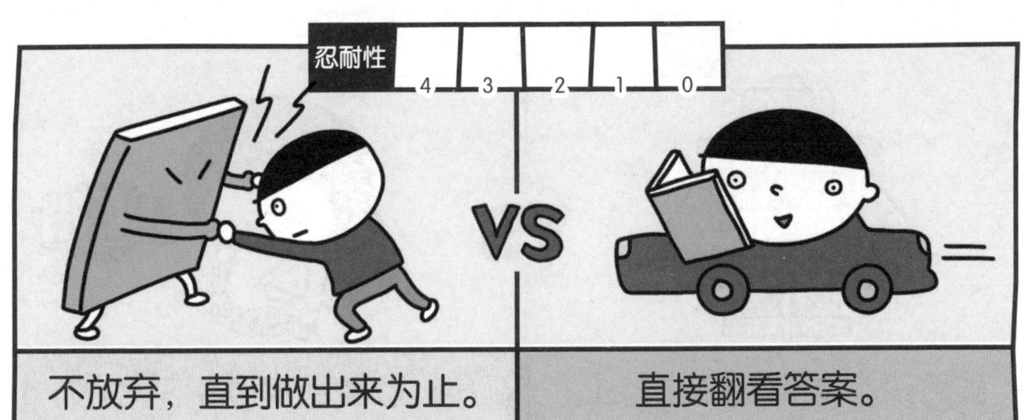
忍耐性
4
3
2
1
0
VS
不放弃，直到做出来为止。
直接翻看答案。

题4.

忍耐性

立不住的机器人，你的选择是？

今天你决定拼乐高。
先拼一个双脚站立的机器人！
先简单构思了一下，
再组合起来看看。
不知不觉就拼完了！
哎？怎么立不住呢？
忍耐性
4
3
2
1
0
VS

重新拼，直到能立住为止。 | 就那样放着，继续拼其他的。

所谓的“忍耐性”是什么呢？

长跑时，我们经常会觉得呼吸加快，有些难受。可就算大家体力都差不多,却总有人能跑完全程。这种让他们坚持下来的力量就是“忍耐性”。可以说，它是让人在做某件事时，就算困难、痛苦，也依然能忍耐、坚持下去的心态，我们也称之为“耐力”。

忍耐性的优点

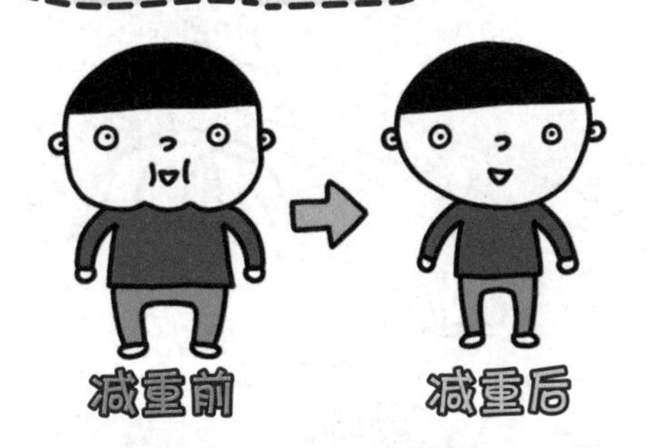

减重前
减重后

忍耐性强的人就算困难也不会轻易放弃。无论是心里痛苦的时候，还是身体痛苦的时候，他们都能坚持住。要知道，即便一开始很辛苦，但若是能坚持下来，就会有很多令人高兴的、有意义的事在等着我们。很快就放弃的人肯定是体会不到这种“乐趣”的！

忍耐性的缺点

我们的身体和心灵都有着看不到的极限。忍耐性过强，该放弃的时候也不放弃的话，在坚持的过程中很可能会身心受伤。比如胳膊的力量不够，却还要坚持举起大人拿的杠铃，结果会怎么样呢？所以，忍耐性强的人要清楚自己的能力，清楚自己能坚持到何种程度。

你的性格倾向是什么呢？

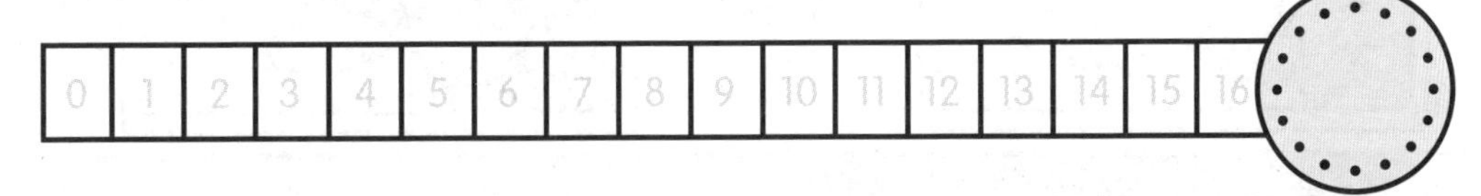

忍耐性
0
1
2
3
4
5
6
7
8
9
10
11
12
13
14
15
16

题1.

计划性

对于旅行计划，你的想法是？

你和朋友们在快餐店聚会。
快餐店
一位朋友突然说，
旅行前，我们开个会吧！
大家一起制订一个旅行计划吧。
要去哪，提前规划一下。
可其他朋友却不情愿。
“旅行的时候再定吧？怎么样？”
这个应该很好玩！
“非得计划吗？”
计划性
4
3
2
1
0
VS

提前制订旅行计划。

没有计划，自由来去。

题2. 计划性

面对突如其来的电话，你的反应是？

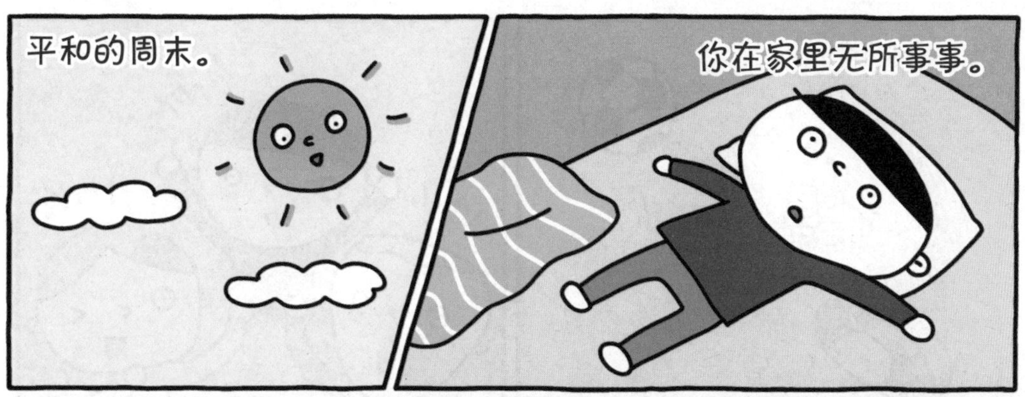
平和的周末。
你在家里无所事事。

玩点什么呢……

突然朋友打来了电话。

他邀请你一起骑自行车出去玩。

嗯？虽然没有什么事做……

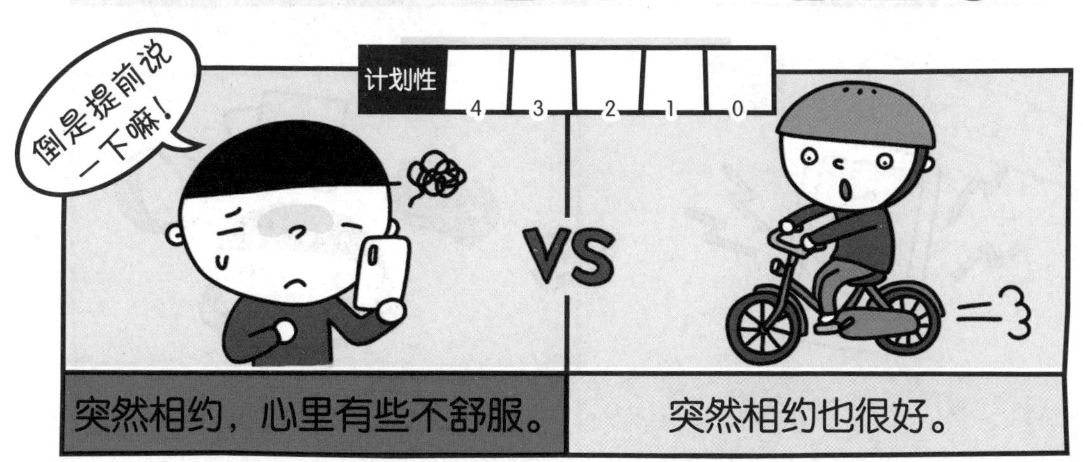
计划性
4
3
2
1
0
倒是提前说一下嘛！
VS
突然相约，心里有些不舒服。
突然相约也很好。

题3.

计划性

终于放假啦，你的选择是？

期待已久的假期！
假期！

大家都超级开心。

但老师却说道，
安静。
“你们不能因为放假，
就只想着玩啊！”
睡觉
玩

老师给我们粗略制订了一个时间表。
作业
睡觉
玩
学习
你们能做到吧？

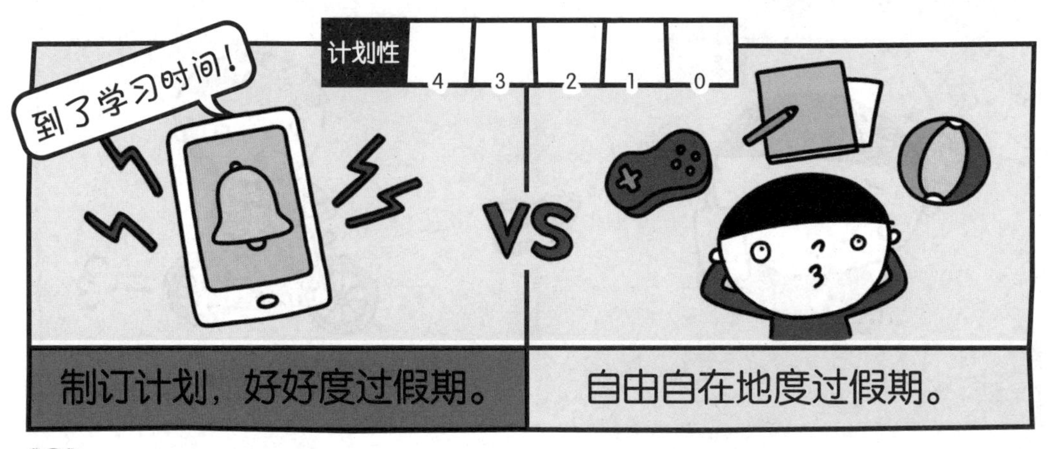

计划性
4
3
2
1
0
到了学习时间！
VS
制订计划，好好度过假期。
自由自在地度过假期。

题4.

计划性

照顾小狗，你的选择是？

你的好朋友和家人去旅行了。
我会给你带礼物的。
她家的小狗不得不自己留在家里。
于是你答应她，替她照顾小狗！
一天喂两次就行。
每天午饭时间带它散步。没问题吧？
第一天刚到午饭时间，你肚子就开始疼起来！
计划性
4
3
2
1
0
VS
不管怎么样，带小狗散步。
今天不带小狗散步了。

所谓的
“计划性”
是什么呢？

你有在放假的时候制订过计划吗？计划就是提前定好要按什么顺序、什么方法做哪些事情。计划性的性格也是一样，是一种提前定好今后要做的事情，并按计划行事的性格倾向。

计划性的优点

不做计划，随便行事的话，很可能会遇到出乎意料的阻碍。计划性强的人会在做计划的时候，提前预见一些可能遇到的阻碍，并做出相应的对策，这样在实施计划的时候会更加顺畅。因为有定好的计划，他们会沿着那个方向不断进行下去，避免重复劳动，做无用功。

计划性的缺点

世界上的事不会全部按照计划发展，只按计划生活的人可能会无法应对突发情况。而且所谓的计划就是制订得越多，越难遵守。所以，培养根据当下的情况随机应变的能力，也是必不可少的哦！

你的性格倾向是什么呢？

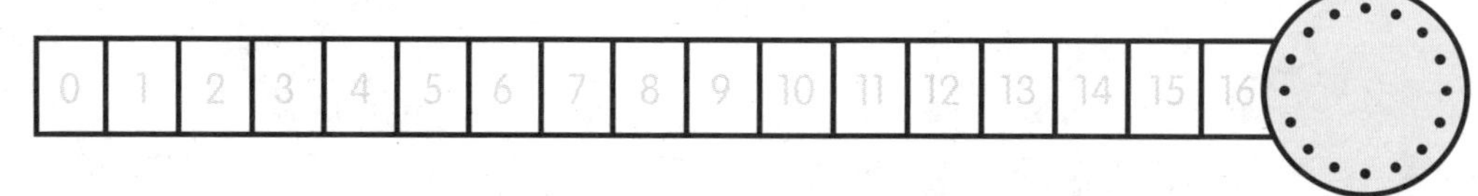
计划性
0
1
2
3
4
5
6
7
8
9
10
11
12
13
14
15
16

牺牲性

圣诞老人的礼物，你的选择是？

你和朋友收到了圣诞老人的礼物！
是两块手表。
剪刀石头布，赢的人先挑！
好！
我赢了！
我想要那块来着！
朋友却哭了出来。
怎么办好呢？
牺牲性
4
3
2
1
0
VS

让给她。	不会让给她。

题2. 牺牲性

作为姐姐，你的选择是？

表妹来找你玩。

于是你们一起玩了娃娃。

她好像很喜欢你的娃娃。

妈妈却说道，
把那个娃娃送给妹妹吧。
啊？
“过不了多久，你也要上初中了，总不能一直玩啊！”
欣然

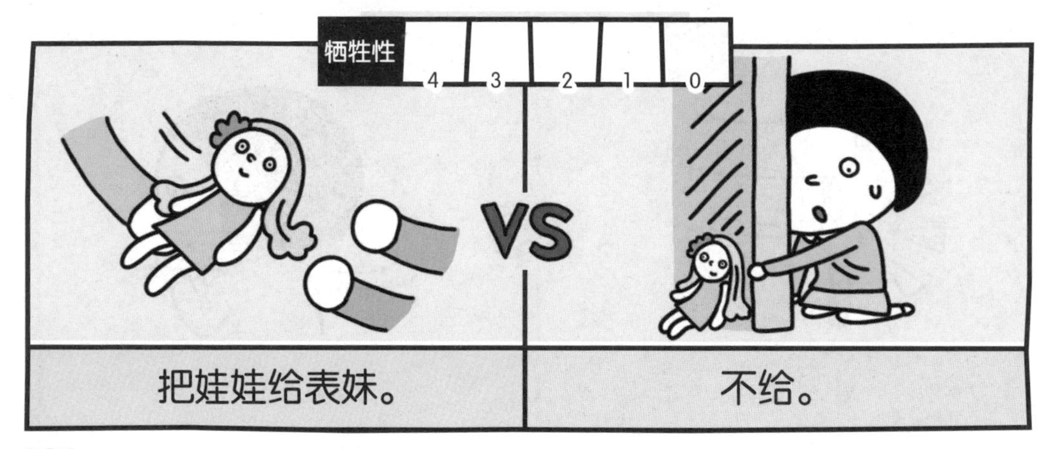

牺牲性
4
3
2
1
0
VS
把娃娃给表妹。
不给。

题3.

牺牲性

球掉到了泥里，你的选择是？

到了梅雨季，总是下雨。
很久没去外边玩了，
今天好不容易天晴了！
你和朋友们在一起玩排球。
来了！
扣球！
没门儿！
嗵！
被弹得很高的球，
直接掉进了泥里！
不行！
牺牲性
4
3
2
1
0
VS

自己去捡。

让朋友捡。

牺牲性

面对突如其来的委托，你的选择是？

妈妈让你去跑腿。
接受任务！
因为要做晚饭，让你快去快回。
你正往超市走，
超市
路上遇到了朋友。
浩然！我有点急事，帮我看下包！
什么？！可你现在也很急！
牺牲性
4
3
2
1
0
VS
无法轻易拒绝，会帮忙。
拒绝，说你很忙，不行。

所谓的
“牺牲性”
是什么呢?

在书或电影里，有时候会出现不惜性命、舍己为人的场面。当然，这种舍命在现实中并不常见。但以这种方式，为他人舍弃自身利益，谦让的性格就叫作“牺牲性”。

牺牲性的优点

无私地帮助别人就是牺牲，比如见义勇为。其实，父母照顾年幼的我们，也会有一定程度的牺牲。单从这方面来看，就能知道牺牲是多么高贵的品质。而这个世界也正是因为在我们需要帮助的时候会有人站出来，所以才更加温暖。

牺牲性的缺点

牺牲虽然高贵，但不要忘记所遭受的损失。如果吃很多苦才能让别人幸福，那又有什么用呢？最重要的是，年纪尚小的我们还不具备为谁牺牲的能力，也没有这个必要。帮朋友一些小忙就已经很棒啦！

你的性格倾向是什么呢？

牺牲性

0	1	2	3	4	5	6	7	8	9	10	11	12	13	14	15	16

题1.

包容力

面对哥哥的道歉，你的反应是？

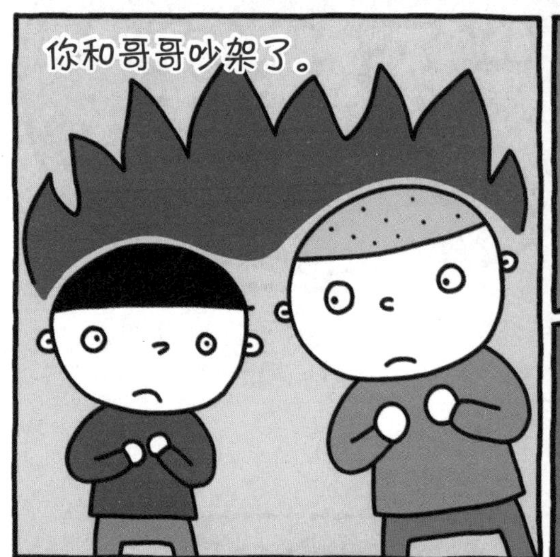
你和哥哥吵架了。

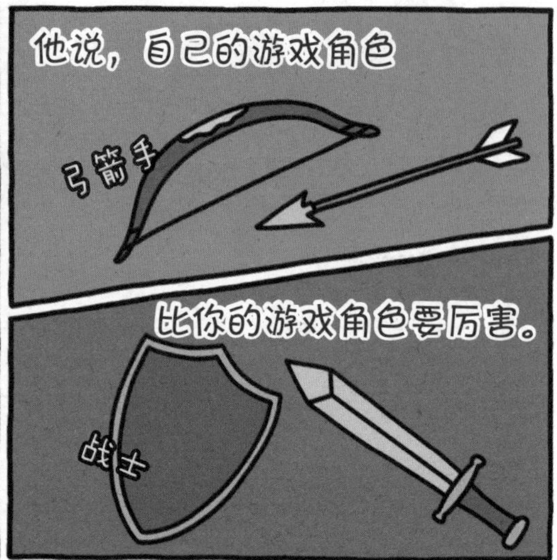
他说，自己的游戏角色
弓箭手
比你的游戏角色要厉害。
战士

可你就是不服气。

哥哥气不过，就弹了你的脑门！
嗵！
呃！对不起！

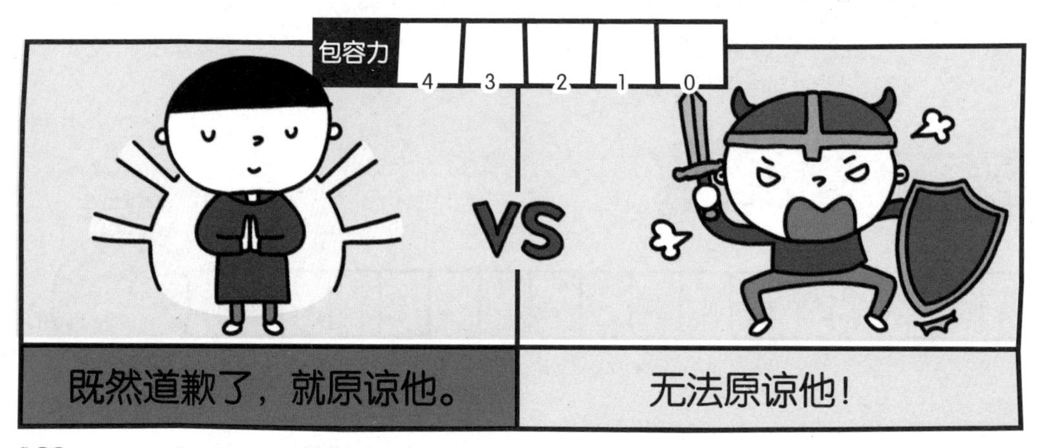
包容力
4
3
2
1
0
VS

既然道歉了，就原谅他。	无法原谅他！

包容力

潦草的雪人，你的选择是？

终于下雪了！
你和弟弟穿好衣服，赶紧跑到外面。
姐姐！我们堆雪人吧。
好啊！
于是你们开始滚雪球，堆起了雪人。
你的雪人完成啦！
可弟弟的雪人有些潦草……
包容力
4
3
2
1
0
VS

认可弟弟做的雪人造型。

修整弟弟做的雪人。

题3. 包容力

零食被偷吃，你的反应是？

最近有一个好吃得让你无法自拔的零食。

宇宙巧克力！

可爱的星球形状，在舌尖一点点融化，味道简直一绝！

你把最好吃的太阳巧克力留在最后吃。暂时离开座位的时候……

巧克力却神不知鬼不觉地消失了！
不是吧？！

对不起，它看起来实在太好吃了……

包容力
4
3
2
1
0
VS
既然是朋友，就当作是送给他吧。
很生气。

题4. 包容力

珍贵的文具盒坏了，你的反应是？

这是你的宝贝文具盒！
上面印着最近超受欢迎的北极熊。
你的朋友可能有些羡慕，总是拿在手上。
但她却一不小心把文具盒掉在了地上。
啊啊啊啊！

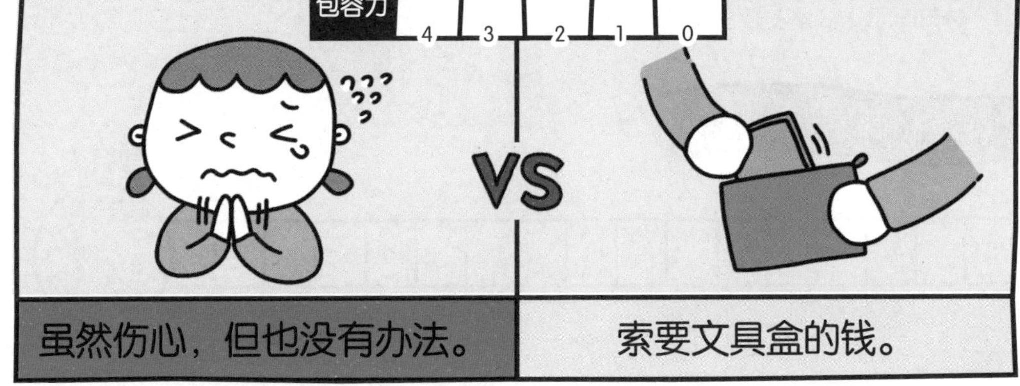

包容力
4
3
2
1
0
VS

虽然伤心，但也没有办法。	索要文具盒的钱。

所谓的
“包容力”
是什么呢?

“包容”听起来和拥抱很像吧？其实意思差不多，就是宽容地接受他人。我们这里主要说的是原谅并接纳其他人犯错的能力。原谅是一件很难的事，并不是勉强和解，只有在被原谅的人和原谅别人的人都做好准备时才能做到。

包容力的优点

没有包容力，就无法和朋友长久交往。哪怕是很小的争吵，也会因为无法原谅对方而马上断绝关系。原谅不仅会让对方觉得轻松，也会让自己觉得轻松。如果朋友充分反省，并道了歉的话，就宽宏大量地原谅他吧！这样是可以加深友情的哦！

包容力的缺点

原谅是一件好事，却不是必须做的事。意思就是说，不值得原谅的朋友，就没必要原谅。如果毫无原则地一味原谅欺负自己的人，会发生什么呢？这反而会让别人觉得你好欺负，然后遭到更严重的欺凌。如果对方总是无故与你过不去，那就没必要花心思原谅他了。

你的性格倾向是什么呢?

包容力

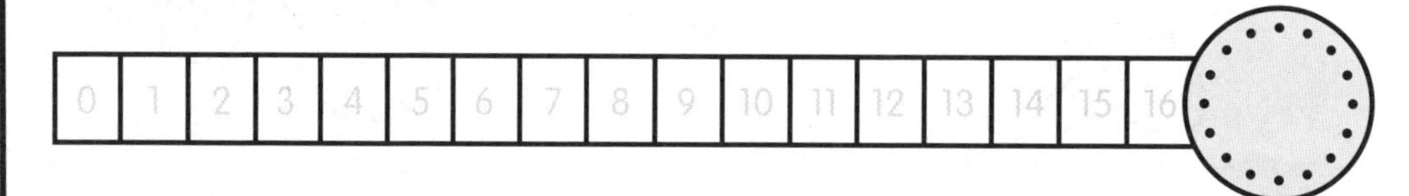
0 1 2 3 4 5 6 7 8 9 10 11 12 13 14 15 16

题1.

仔细

对于要准备的东西，你的态度是？

呃！我忘记带舞蹈鞋了！
今天刚进舞蹈教室就发现……
啊，脚好凉！
上课之前……
哎呀？课本跑哪去了？
于是同桌把课本放在中间，你们合看了一本。
抱歉。
你又忘了带美术课要用的颜料，还得向人借！
今天健忘症尤其严重呢……

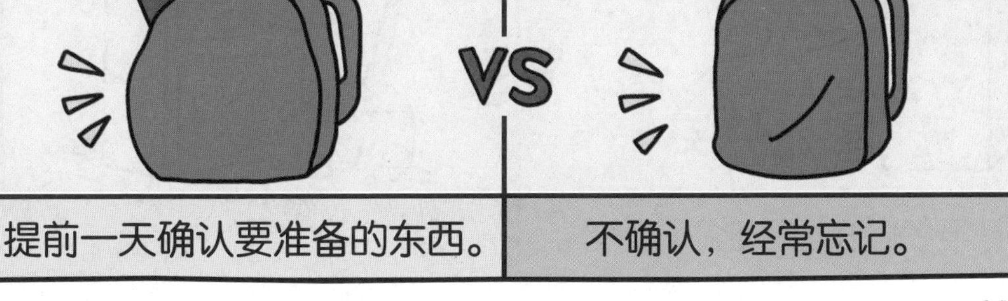
仔细
4
3
2
1
0
VS

提前一天确认要准备的东西。	不确认，经常忘记。

题2. 仔细

打扫教室时，你的选择是？

上完课，到了扫除时间。
抹布
扫帚
拖布

打扫的时候，朋友说，
随便弄弄就走吧。

可班长却摇了摇头。
不行。

看这个柜子后面。
呃啊！

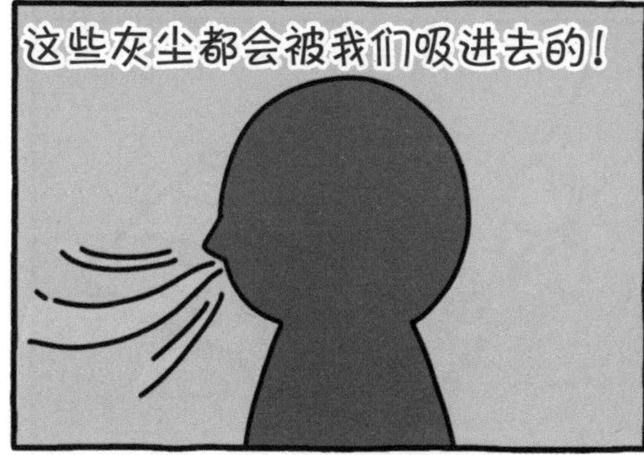
这些灰尘都会被我们吸进去的！

我们又不会进去那里面！
灰尘都会飞起来！

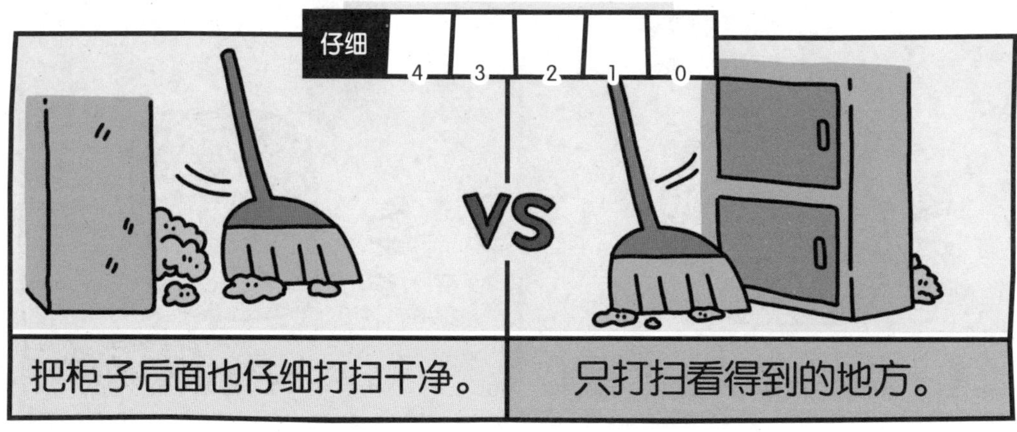
仔细
4
3
2
1
0
VS

把柜子后面也仔细打扫干净。　　只打扫看得到的地方。

题3.

仔细

给朋友发送信息，你的选择是？

我明天就要转学了。
同学们为他开了欢送会。
KTV
一开始大家还很开心，可后来却哭成了一片。
回到家……
你眼睛怎么肿成这样！
因为舍不得，你决定给朋友发信息。
遇到你，很开“森”。
就算转学了，也要好好的！
在按下发送键之前，你发现了一个错别字！
仔细
4
3
2
1
0
VS

删掉错别字，重新输入。

就这样吧，直接发送。

题4.

仔细

大玩特玩后，你的选择是？

今天朋友来你家玩。
叮咚

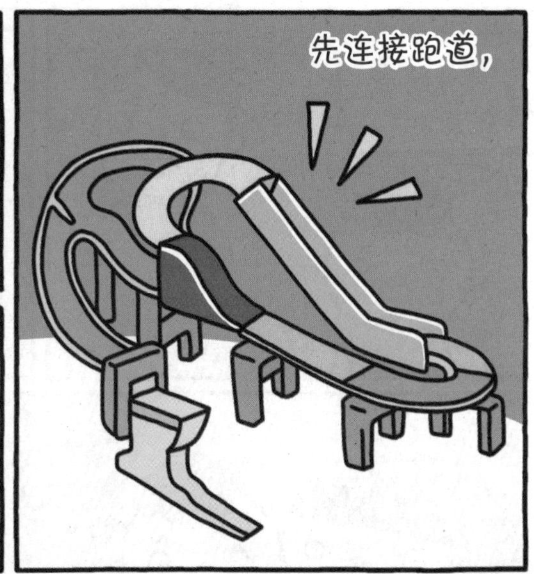
先连接跑道，

你们说好一起玩赛车。

然后开始赛车！

大玩特玩后，

到朋友回家的时间了。
我帮你收拾！

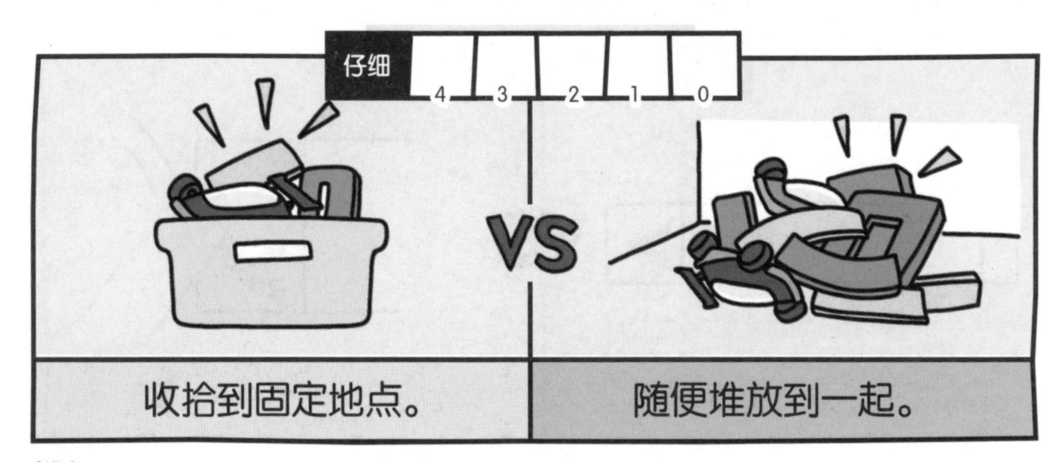
仔细
4
3
2
1
0
VS

收拾到固定地点。

随便堆放到一起。

所谓的“仔细”是什么呢?

喝完可乐，如果不把盖子拧紧，留了缝隙的话，就会漏气，可乐也会洒出来，弄得到处都是。“仔细”说的就是做事一丝不苟、不留缝隙的模样。仔细的人无论做什么事，都可以近乎完美地完成。

仔细的优点

SUN
PASS

仔细的人做任何事情都不会落下重要步骤，对于仔细的人来说，世间所有事情都有着必须遵守的顺序，学习也是一样。仔细的人在学习时也会按照顺序一步一步来，不会跳过重要步骤，所以实力也会越来越强。

仔细的缺点

如果简单的事情也分成好几个步骤来做，就会看起来很复杂。过于仔细的人很在意这些琐碎的步骤，很容易疲惫。同时，让简单的事情变得复杂，也可能令别人感到负担。所以，不要一开始就想着准备好一切，以轻松的心情有条不紊地进行眼前的事情吧!

你的性格倾向是什么呢?

仔细

0	1	2	3	4	5	6	7	8	9	10	11	12	13	14	15	16

题1. 自信心

自己去看电影，你的想法是？

今天的天气特别好！
正好有一部你心仪的电影上映了……

没想到电影院里都是结伴来的，只有你孤身一人。

浩然。

你自己来的吗？
我？！

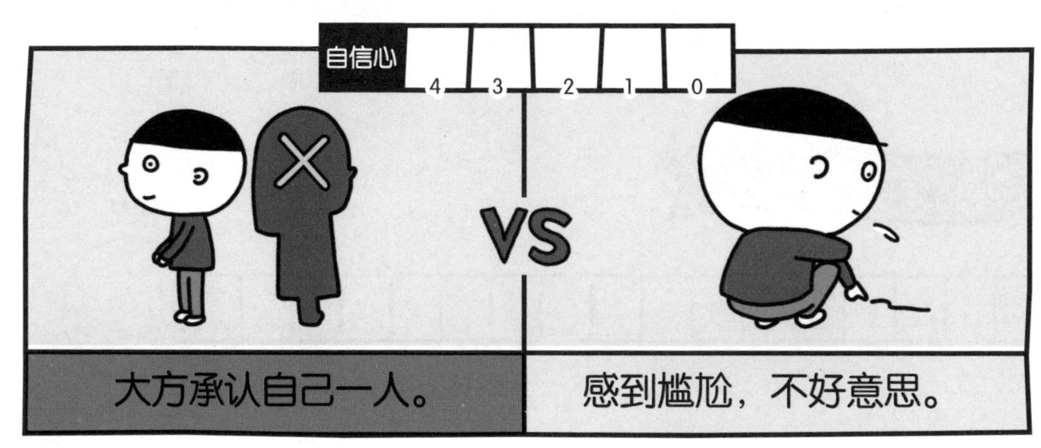

自信心
4
3
2
1
0
VS
大方承认自己一人。
感到尴尬，不好意思。

题2. 自信心
发言时间，你的想法是？

今天上课时，老师给你们看了一部电影。
好想吃爆米花喝饮料啊！
全神贯注地看完了电影。
刺激的冒险！激烈的打斗！
电影结束了……
鼓掌鼓掌
老师就说道，
那我们来交流一下观后感吧。
点名簿

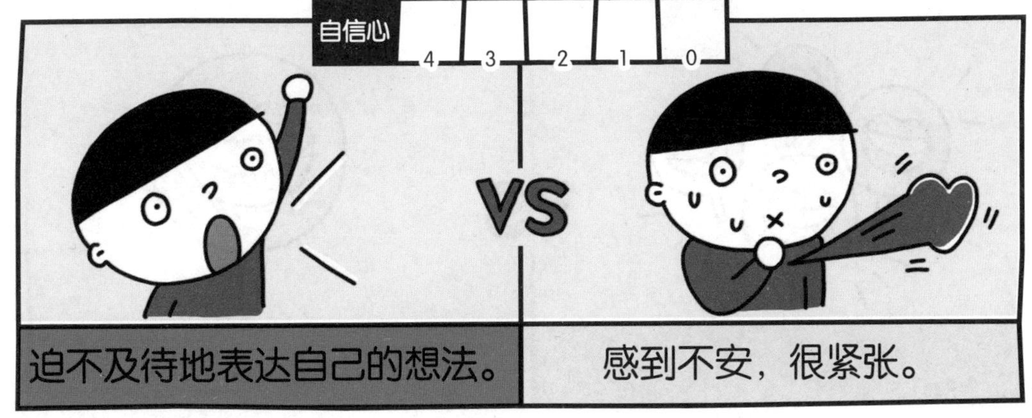

自信心
4
3
2
1
0
VS
迫不及待地表达自己的想法。
感到不安，很紧张。

题3.

自信心

充满自信的话，你常说吗？

你的朋友总是充满自信。

从他说话的习惯就能看出来。
我保证，不会感冒！

然后感冒了。

是这条路没错！你相信我就对了。

哎呀……
此路不通呢！

充满自信的话，你常说吗？

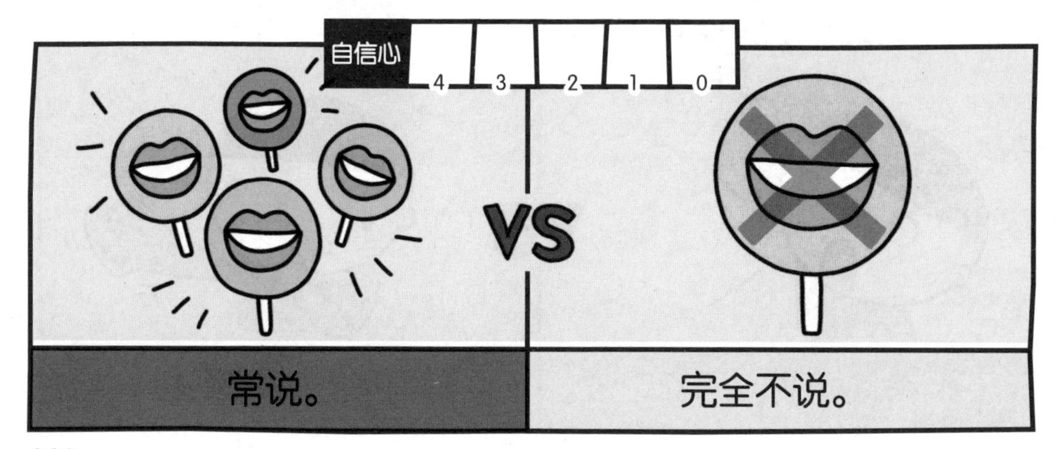
自信心
4
3
2
1
0
VS
常说。
完全不说。

题4. 自信心
知道正确答案，你的选择是？

科学课时间。
好，今天我们要学习自然灾害的相关知识。
在海边，如果海水突然往海里退去，

有可能是海啸要来了，我们要快速跑到高处避难。

“海啸有好几种类型，有人知道其中的地震海啸是由什么引起的吗？”

我知道……答案就是“海底地震”！

自信心
4
3
2
1
0
VS

举手回答。　　安静等待。

所谓的“自信心”是什么呢？

如果有人问“能做到吗？”，有自信心的人就会回答“能！”。自信心就是相信自己的心情。当我们觉得自己能做到什么事情的时候，就会获得自信心。自信心强的人想通过实际行动来证明自己的能力。越是成功证明，自信心越会不断加强。

自信心的优点

如果没有自信心，那无论做什么，表现都会低于自己的真实能力。因为一直会被“我能不能做好？”这种担忧所折磨。相反，如果先相信自己能做到，往往可以完成之前无法做到的事情。

自信心的缺点

如果没有任何理由地充满自信心，会如何呢？自信心过强，就可能对自己做出过高评价。在挑战与自己的能力相差悬殊的事情时，可能会不断体会失败的滋味。准确了解自己的实力，并对这份实力感到自豪，这才是健康的自信心哦！

你的性格倾向是什么呢？

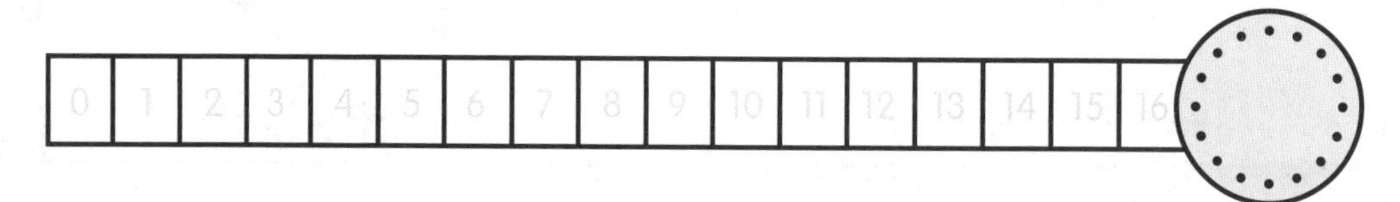
自信心
0 1 2 3 4 5 6 7 8 9 10 11 12 13 14 15 16

题1. 自重
喜欢自己，你的想法是？

威廉有些自恋。
大家看到威廉都会皱眉。
王子病！

你很担心威廉，就对他说道，
要是太自恋的话，会惹人讨厌的。
别人的看法不重要！
可威廉却大喊，

“重要的是我喜欢我自己！”
我喜欢我自己？

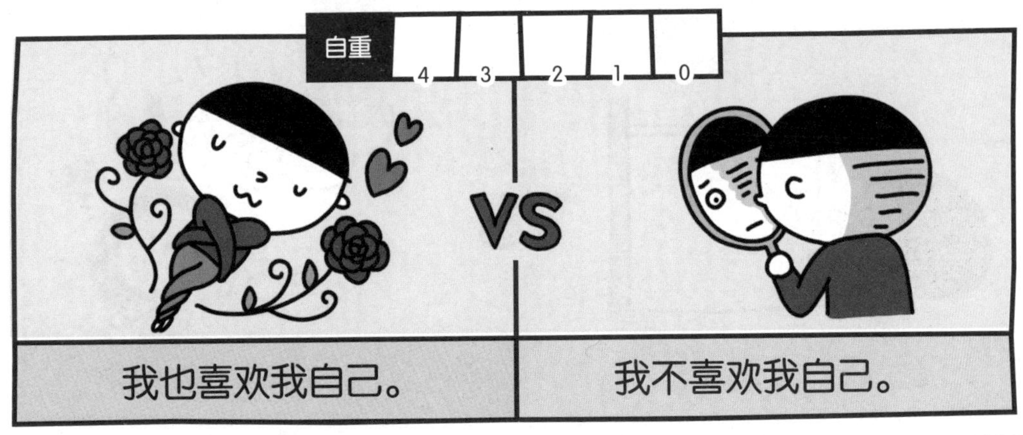
自重
4
3
2
1
0
VS
我也喜欢我自己。
我不喜欢我自己。

题2.

自重

刷新了纪录，你的想法是？

你练习跳高练到了很晚。

看看自己能跳多高！

把杆子放好，以便测量记录。

你练习得非常忘我。

朋友突然大喊一声，
欣然！
你破纪录了！

早知道给你
拍视频了！

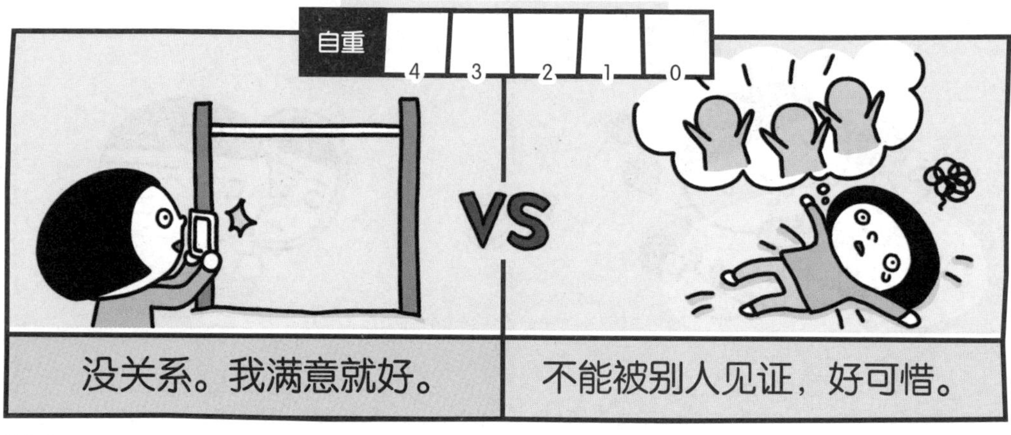
自重
4
3
2
1
0
VS
没关系。我满意就好。
不能被别人见证，好可惜。

题3. 自重

有唱歌更好的小孩儿，你的反应是？

你自己在迷你KTV里唱歌。
有一个小孩儿跑了进来。

小孩儿听完你唱歌后，

嘎嘎笑了起来。
你唱得好难听啊！

那你来唱！
“什么啊！明明比我小，唱得怎么比我好这么多！”

自重
4
3
2
1
0
VS
不在意，继续唱。
现在没信心唱歌了。

题4.

自重

很优秀的转学生登场，你的反应是？

某一天，老师说，
今天我们班来了一位转学生。
这位转学生……很了不得！

运动厉害！

学习也厉害！

就没有她不擅长的事情，
甚至长得还很漂亮……

理所当然地非常受大家欢迎。

自重
4
3
2
1
0
VS
认可对方很优秀，但感觉与我无关。
羡慕到每次看见她都自惭形秽。

所谓的“自重”是什么呢？

无论谁说什么，我就是我！认为自己很重要，是有价值的存在，这种心情就叫作“自重”。有些人分不清它和“自尊”的区别。如果说自尊是通过与他人比较而获得的感受的话，自重就是不与人比较，却依然自爱的心情。非常自重的人在全校第一面前也是不会气馁的！

自重的优点

世界上不是有超多长得帅又聪明的人吗？人生在世，总是会被拿来和周围的人比较。可一味地羡慕别人，就会习惯妄自菲薄。非常自重的人是不会把自己和别人作比较的。就算与别人相比有所不足，也不会气馁。他们仿佛拥有属于自己的城堡，无论别人说什么，它都不会倒塌。

自重的缺点

与相信自己能做到的自信心不同，非常自重的人，就算是自己做不到，也会觉得无所谓。所以太过追求自重，很可能会满足于当下的模样，不再努力。但爱自己的心不应该成为让自己止步不前的理由吧？

你的性格倾向是什么呢？

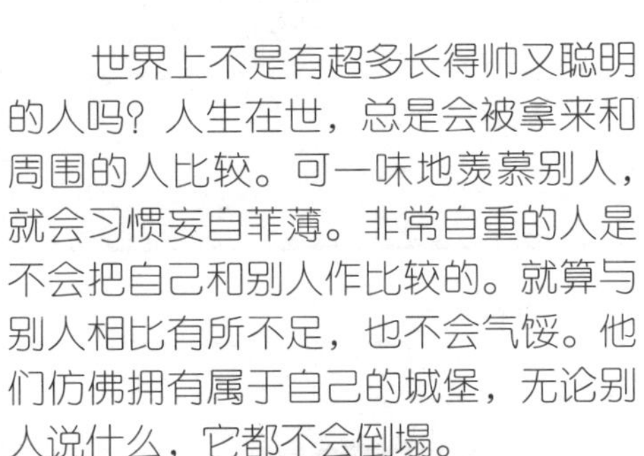

自重

0	1	2	3	4	5	6	7	8	9	10	11	12	13	14	15	16

题1.

自尊心

面对你崇拜的人的提议，你的选择是?

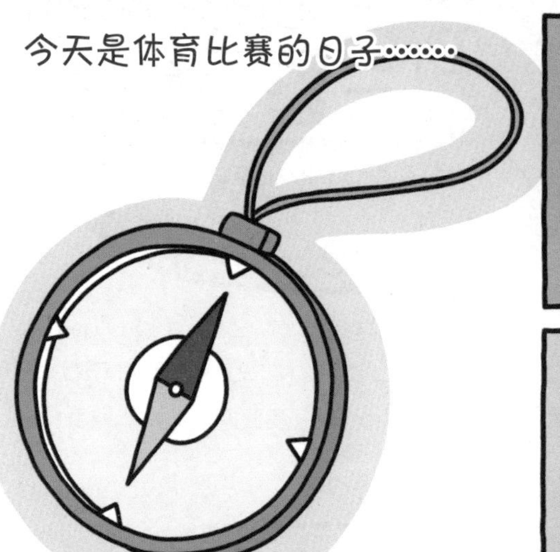
今天是体育比赛的日子……

我崇拜的学长又得了第一名!

放学后，我叫住了他。

“……我很崇拜你，可以告诉我获胜的秘诀吗?”

然后他提出了一个让我大吃一惊的提议。
那……

如果你向我下跪的话，我就告诉你!
什么?!

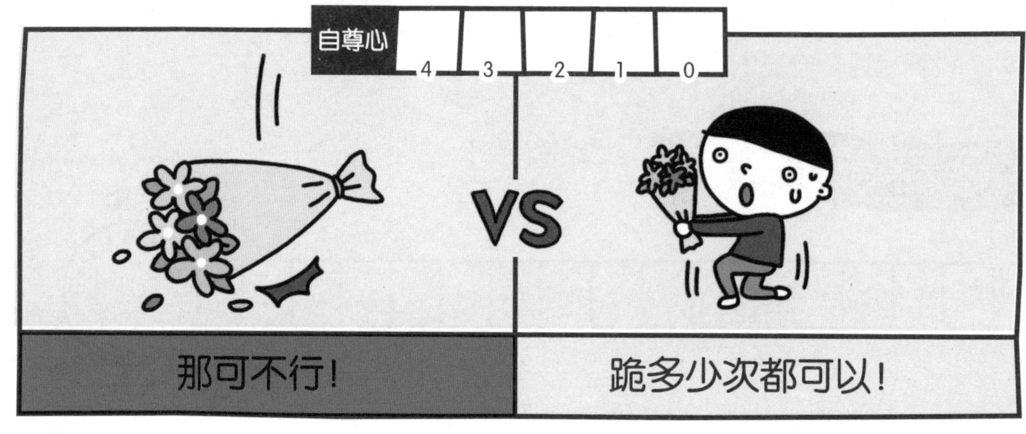
自尊心
4
3
2
1
0
VS
那可不行!
跪多少次都可以!

题2. 自尊心

面对朋友可恶的提议，你的选择是？

舔来
舔去

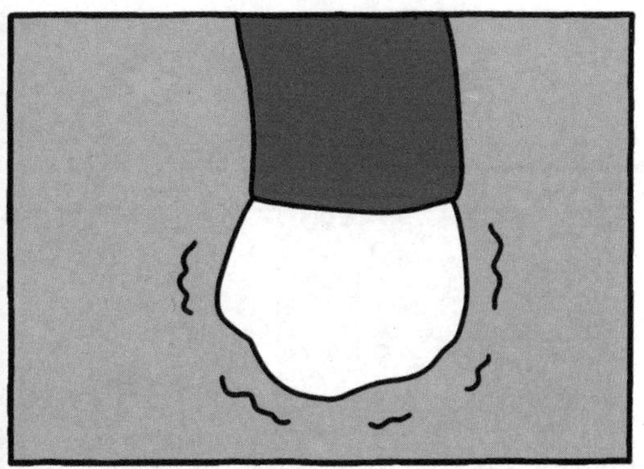

你就自私地自己一个人吃吗？
嗯，这个很贵！我就要自己一个人吃。

“你要是很想吃的话……”

“给我来个才艺展示！我就给你一根！”

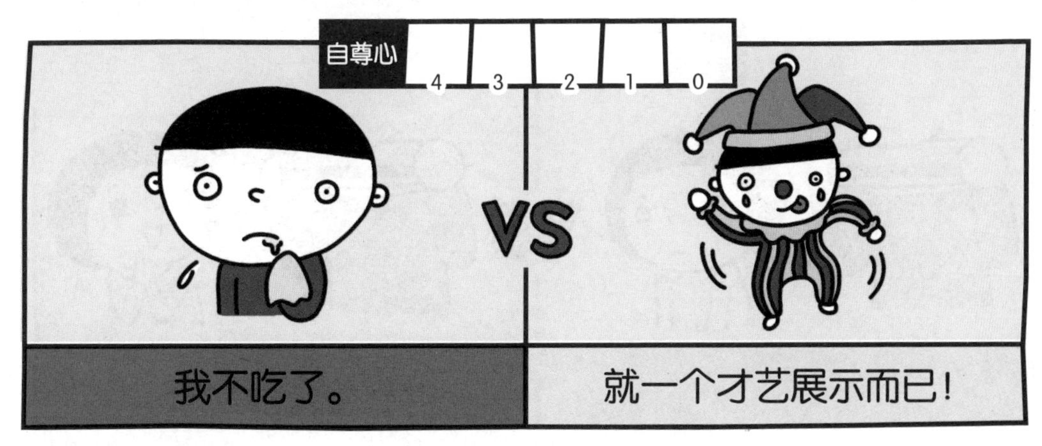
自尊心
4
3
2
1
0
VS
我不吃了。
就一个才艺展示而已！

题3.

自尊心

弟弟表现得更好，你的反应是？

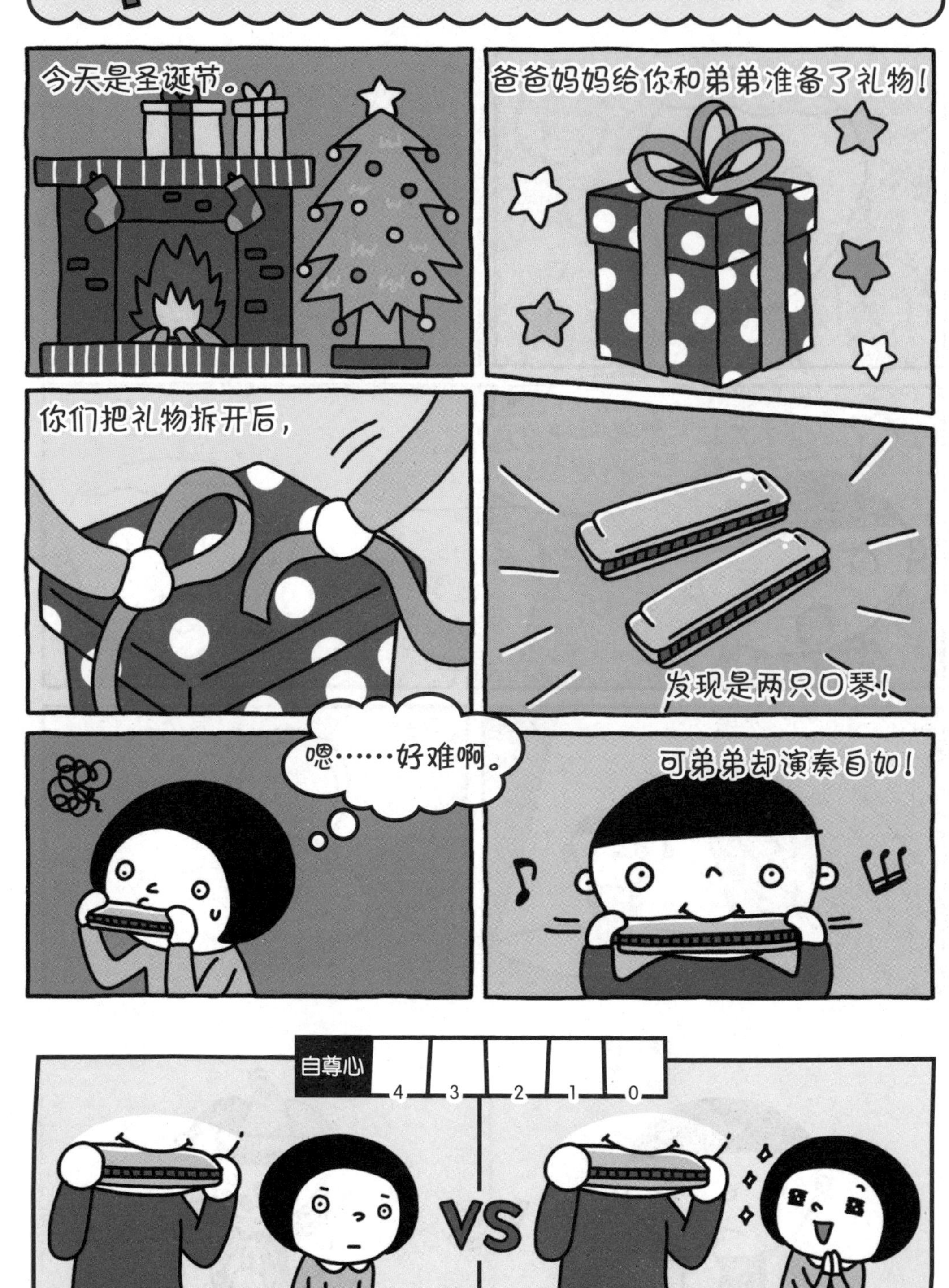
今天是圣诞节。
爸爸妈妈给你和弟弟准备了礼物！
你们把礼物拆开后，
发现是两只口琴！
嗯……好难啊。
可弟弟却演奏自如！
自尊心
4
3
2
1
0
VS

莫名伤心。

为弟弟感到高兴。

题4.

自尊心

面对朋友的过分要求，你的选择是？

最近有一个熟悉起来的人。
她平时对你很好，
薯片
吃这个吧。
但也会经常干预你的决定。
哎，不是那样画的！
这样画才有感觉啊！
现在甚至还命令你！
好重……你帮我拎！
怎么办呢？
自尊心
4
3
2
1
0
VS

拒绝。	帮忙拎。

所谓的
“自尊心”
是什么呢?

如果朋友说你很软弱，像个傻瓜，你会很不开心吧？这种时候，我们会说“伤自尊了”。所谓的“自尊心”就是不向他人屈服，想要保持自身体面的心情。要知道，“体面”可不只是王子、公主才有的东西！

自尊心的优点

自尊心强的人在别人无视自己、贬低自己的时候不会无动于衷，周围的人也不可能小看他们。为了维护自尊心，他们可能会更加努力地去证明自己，即使做对于自己来说有点困难的事情，也会竭尽全力完成。在说服别人时，也会尽可能地说出更有说服力的理由。

自尊心的缺点

可以说，产生争斗几乎都是因为自尊心。自尊心强的人肯定经常与人争吵。但自尊心绝对不是靠自己一个人就能打造出来的。如果和周围的人不断争吵却依旧被无视，那再强的自尊心也坚持不下来，会开始崩塌。我们偶尔也要压制住太强的自尊心，照顾一下周围的人。

你的性格倾向是什么呢?

自尊心

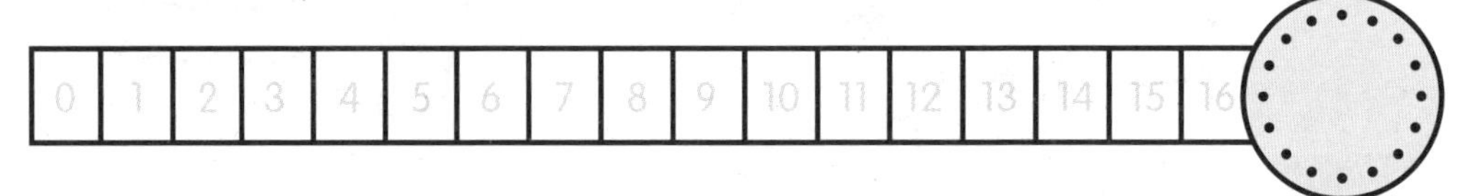
0
1
2
3
4
5
6
7
8
9
10
11
12
13
14
15
16

题1. 自我反省

和朋友吵架了，你的态度是？

你和朋友之间的气氛
降到了冰点，

就像西伯利亚平原上的
冷空气……
呼

哼！
哼！
别的朋友说，
你们都僵持一周了，和好吧！

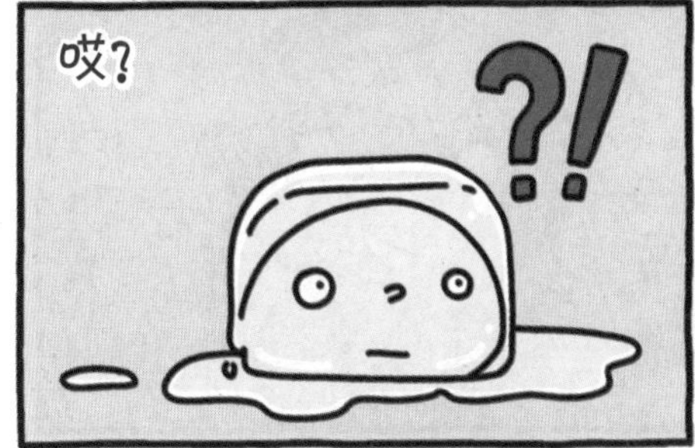

哎？
?!

这么一想，我们是因为什么事吵架来着？

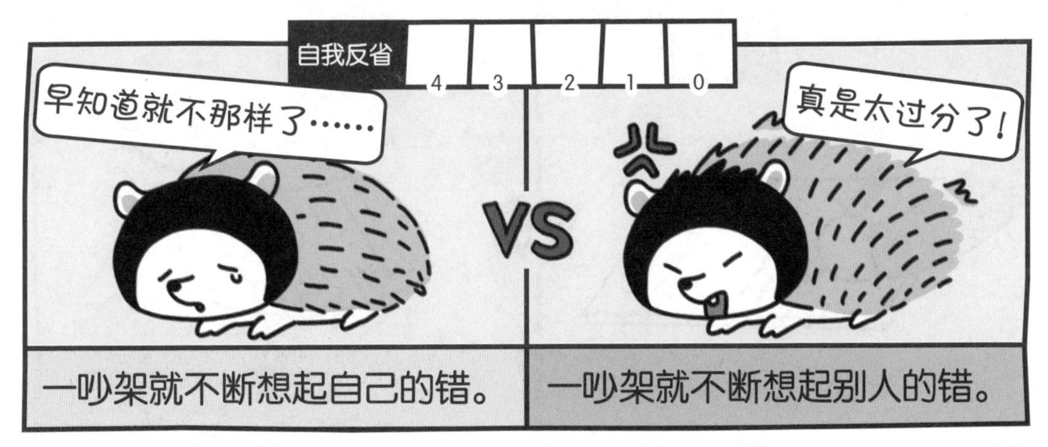

自我反省
4
3
2
1
0
早知道就不那样了……
VS
真是太过分了！

一吵架就不断想起自己的错。

一吵架就不断想起别人的错。

题2. 自我反省

对于错题，你的态度是？

你有一个学习很好的朋友。
考试刚一结束，你就问他，
你的秘诀是什么？
朋友说，
考试不是有错题吗？
我会把之前的错题全部重做一遍，直到理解为止！
你很失望。
什么啊，很简单呢！
虽然简单，但实践起来很难！
自我反省
4
3
2
1
0
VS

我也想这样做。

对答过一次的题不感兴趣。

题3. 自我反省

在床单上“画了地图”，你的反应是？

黑夜……

你独自走在路上。
感觉有人在追我……

此时，你突然看到了鬼影！

呃啊啊啊！

原来是梦啊……
我的天！

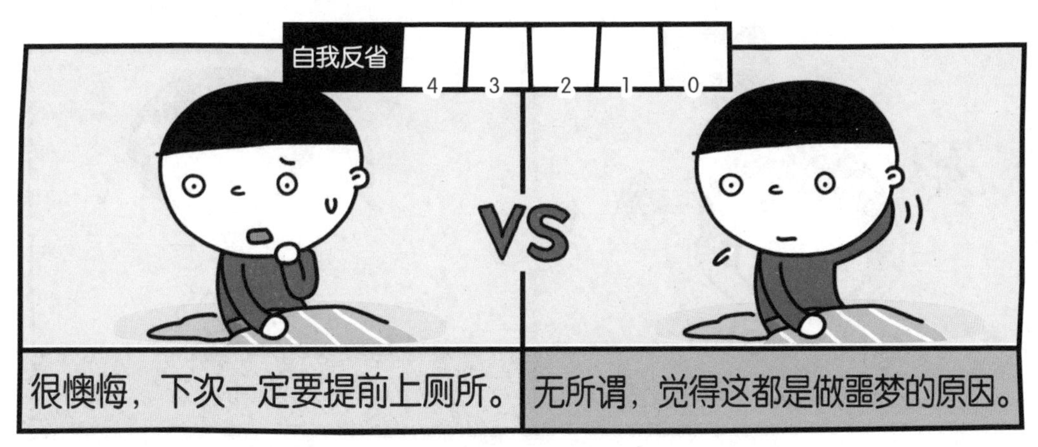

自我反省
4
3
2
1
0
VS
很懊悔，下次一定要提前上厕所。
无所谓，觉得这都是做噩梦的原因。

题4. 自我反省

没写作业，被批评了，你的态度是？

今天在学校看了一本书，
书的名字叫《龟主簿传》！
龟主簿传
讲的是去龙宫的兔子和乌龟
的故事。
大家都要
写读后感。
上完课，老师留了作业。
第二天，
你因为忘记写作业，而被批评了！
被批评后……
自我反省
4
3
2
1
0
VS
一直想着自己犯的错。
都批评完了！很痛快！

所谓的
“自我反省”
是什么呢?

要是犯了错，父母最先让我们做的是什么？反省。经常反省的人会更注意审视自己的话语或行为有没有失误，这有助于改正自己的缺点。

自我反省的优点

接受自己的错误真的是一件很难的事。但如果我们学会进行自我反省，就可以改正自己的行为，防止重复犯同样的错误。长此以往，不断进步，可能会成长得让人刮目相看吧。

自我反省的缺点

虽然进行了反省，但那件事真的需要反省吗？如果不是你做错的事，却硬要反省的话，反而可能会向着错误的方向前进。更重要的是，只是说说却不去改正，那反省就变成了一件没有意义的事情。所以我们要注意，既然反省了，就得保证下次不再犯同样的错误。

你的性格倾向是什么呢？

自我反省

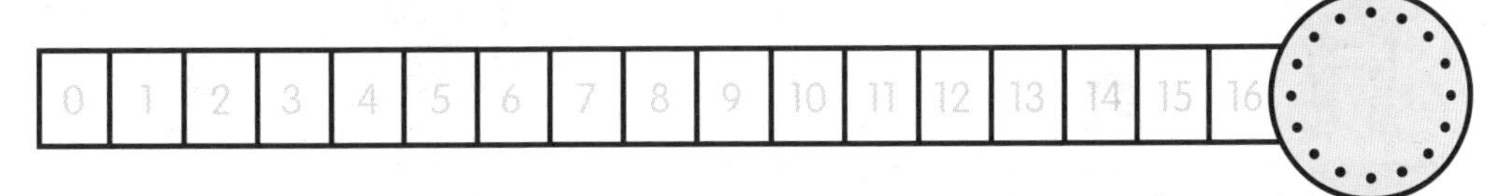
0 1 2 3 4 5 6 7 8 9 10 11 12 13 14 15 16

题1.

认可欲

对于别人的视线，你的态度是？

你的朋友总是会在意别人的视线，

尤其是老师的视线。

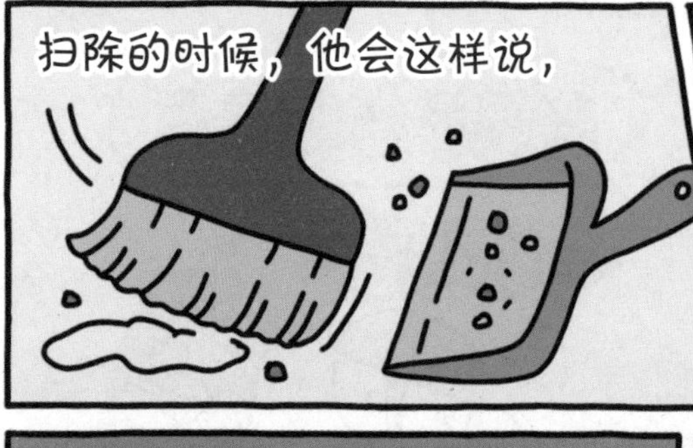
扫除的时候，他会这样说，

老师，我表现得挺好吧？

上课时也是，发言后他会说，
我！

老师，我的回答能得几分？

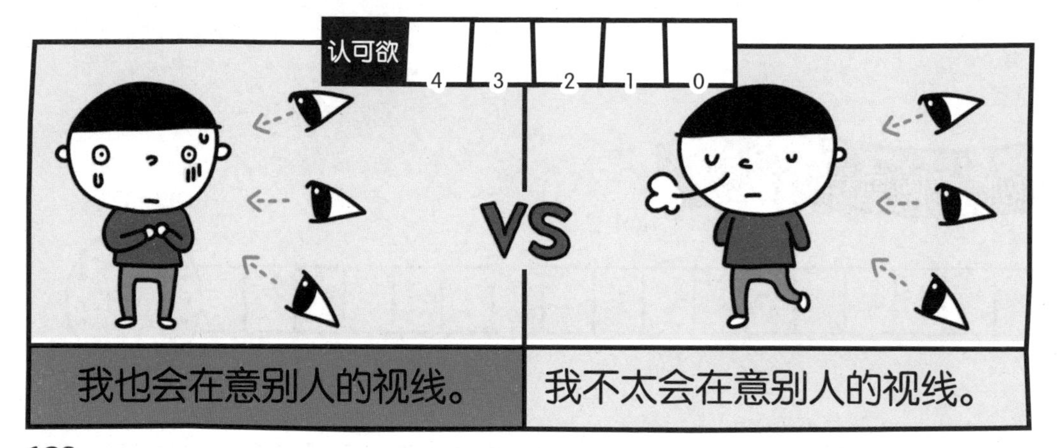
认可欲
4
3
2
1
0
VS

我也会在意别人的视线。

我不太会在意别人的视线。

题2. 认可欲

没有被夸奖，你的反应是？

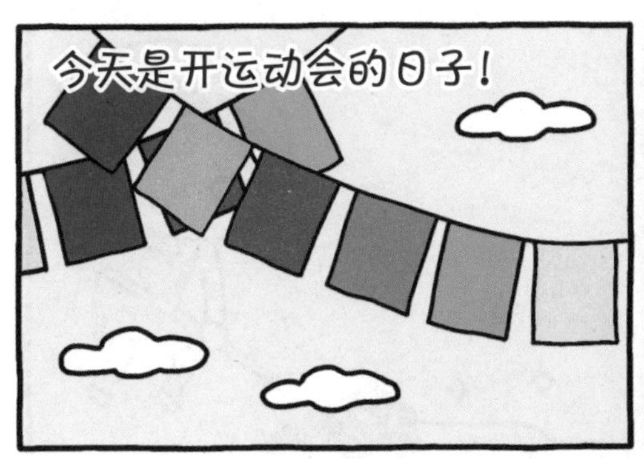
今天是开运动会的日子！

你参加了百米跑项目！

你对百米跑很有信心，竭尽全力地跑了第一名！

奖状
老师虽然给你颁发了奖状，

但却连一句“表现得很好”都没有说！

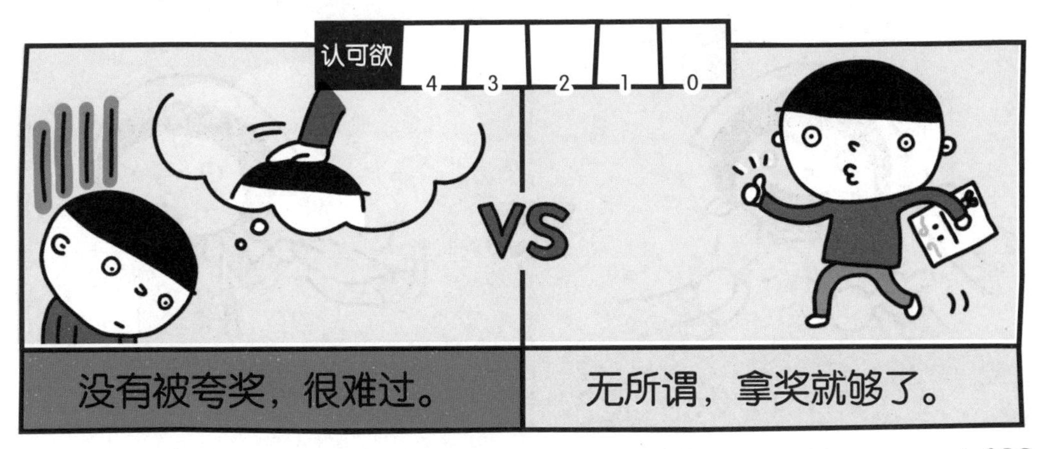
认可欲
4
3
2
1
0
VS
没有被夸奖，很难过。
无所谓，拿奖就够了。

认可欲

不被认可时，你的反应是？

今天你是值日生。
你很认真地拖了地，
擦了窗框，
连储物柜也擦得反光！
第二天，你给同学们展示，
大家都说“好厉害”。
怎么样？
得意
可却有一个人回答
得不冷不热。
有什么变化吗？
认可欲
4
3
2
1
0
VS

努力到所有人都认可自己。	不是很在意。

题4. 认可欲

对于命途多舛的艺术家，你的看法是？

荷兰著名画家
文森特·梵高。

虽然他画出了
《星夜》、

《阿尔的夜间咖啡
屋》这些很有名的
画作，

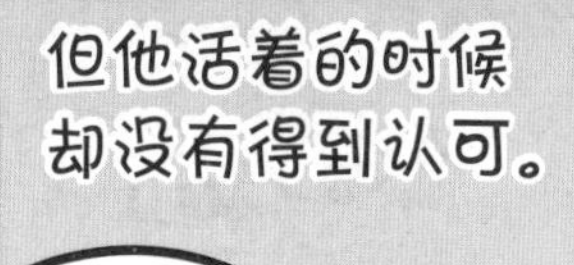
但他活着的时候
却没有得到认可。

梵高？
那是谁？

他的生活十分不幸。

但他死后却成了
被世界认可的伟
大画家。
梵高

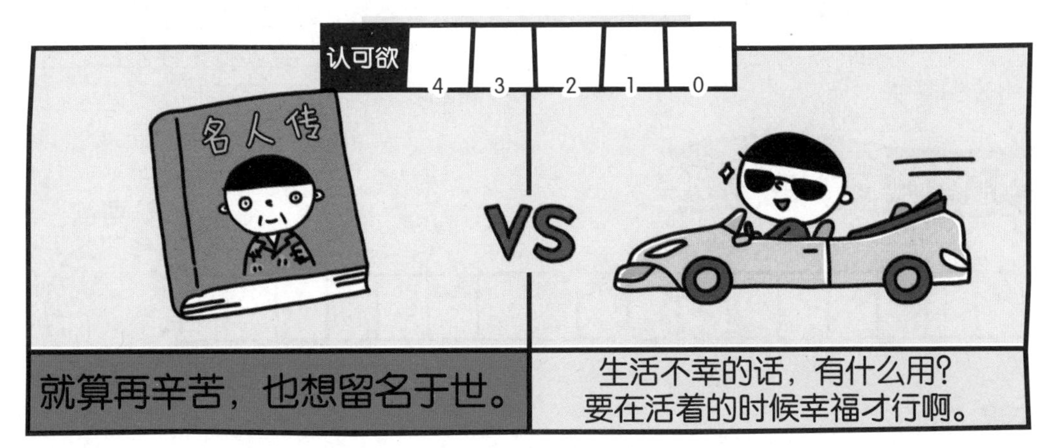
认可欲
4
3
2
1
0
名人传
VS
就算再辛苦，也想留名于世。
生活不幸的话，有什么用？
要在活着的时候幸福才行啊。

所谓的“认可欲”是什么呢？

“认可欲”是一种重视被认可的欲望，是一种想让别人评价自己的心情，所以很看重他人的看法。我们通常会把被世人认可、值得炫耀的事情称之为“荣耀”，而认可欲强的人，就想通过荣耀证明自己是一个有价值的人。

认可欲的优点

名人传

认可欲强的人不会单纯地因为挣了很多钱而满足，他们会瞄准更高的目标。所以，他们比普通人的目标更加远大。这个目标可能会为他们带来好的职业发展，也可能会让他们因为做好事而成为英雄。当然，一个好的目标会给自己带来很大的帮助。

认可欲的缺点

认可欲强的人非常在意别人的评价。如果没有其他人，他们就无法独自评价自己是一个什么样的人。这样一来，就会变成是别人决定自己的价值，甚至偶尔还会为了得到比实际更高的评价而虚张声势。所以，我们需要培养更多的“自重感”，更多地关注自己，它会帮助我们找到自己的价值。

你的性格倾向是什么呢？

认可欲

0	1	2	3	4	5	6	7	8	9	10	11	12	13	14	15	16

题1.

感性

看悲剧电影的时候，你的反应是?

你有一个情感特别细腻的朋友。
天啊！天啊！
单是看到落叶她都觉得心痛。

这位朋友昨天去看了电影。

据她说，看的时候她哭得稀里哗啦。
呜呜

现在说起来竟然还有些哽咽……
冷静。

你看悲剧电影的时候
是什么样的?

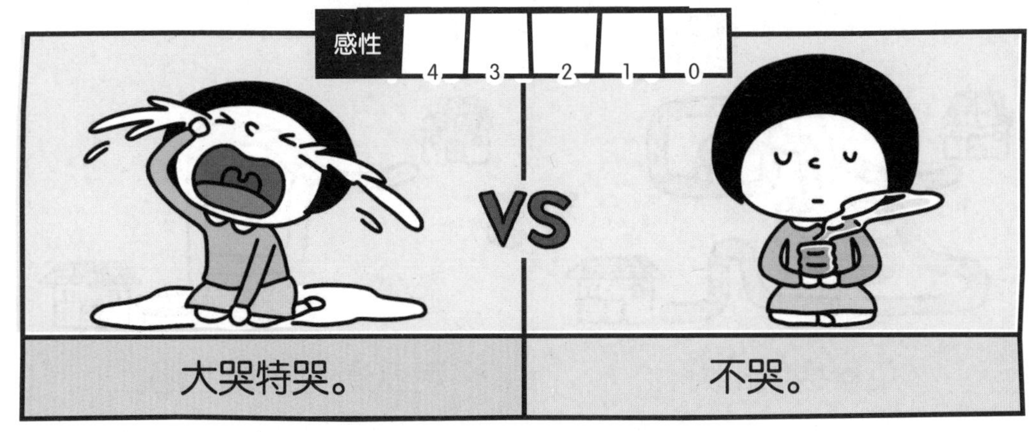

感性
4
3
2
1
0
VS
大哭特哭。
不哭。

题2.

感性

要去叔叔家，你的选择是?

叔叔家
我家
你要去隔壁小区的
叔叔家玩。

来我们家
有两条路。
叔叔总是说，

“一条是景色优美的路。”

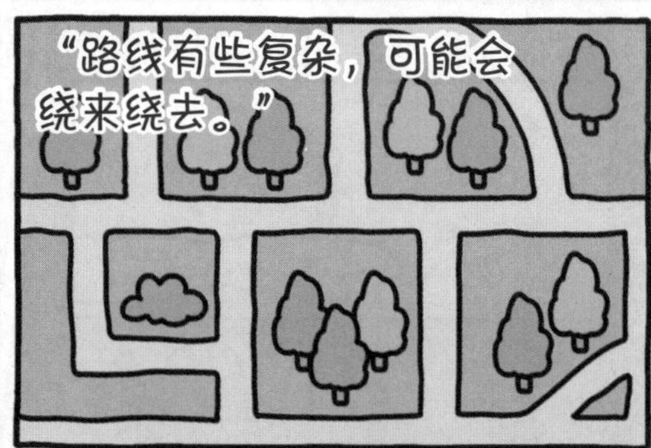
“路线有些复杂，可能会
绕来绕去。”

“一条就是普通的路。”

这么快就
到了吗!
“相反，可以快速到达，也不用
担心走丢。”

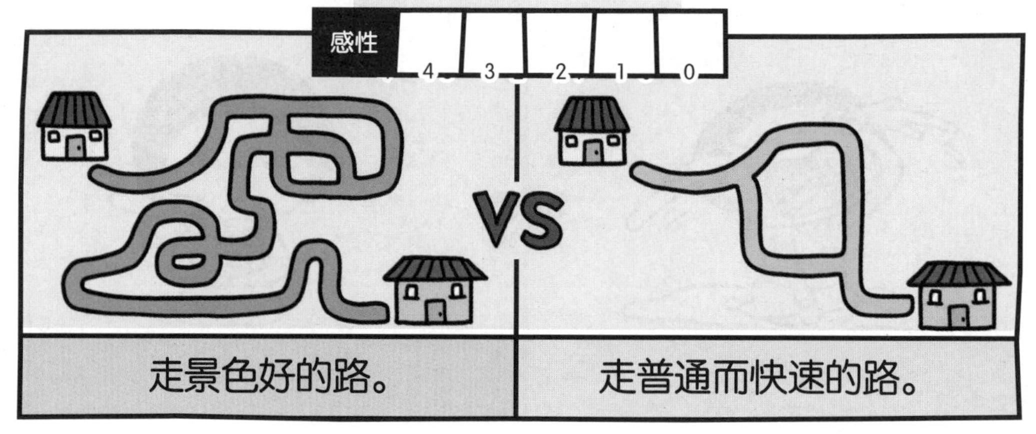
感性
4
3
2
1
0
VS
走景色好的路。
走普通而快速的路。

题3. 感性

朋友的生日派对，你的想法是？

今天朋友要开一个生日派对。

生日快乐

准备好食物后，就决定叫大家过来了。

可一起准备的朋友却说，
是不是还要装饰得再有氛围一些？

但其他朋友说，

怪浪费钱的，弄它干嘛？把这个钱省下来，我们多吃点好吃的吧。

氛围多重要啊！
氛围能当饭吃吗？

你要选哪边？！
我？！

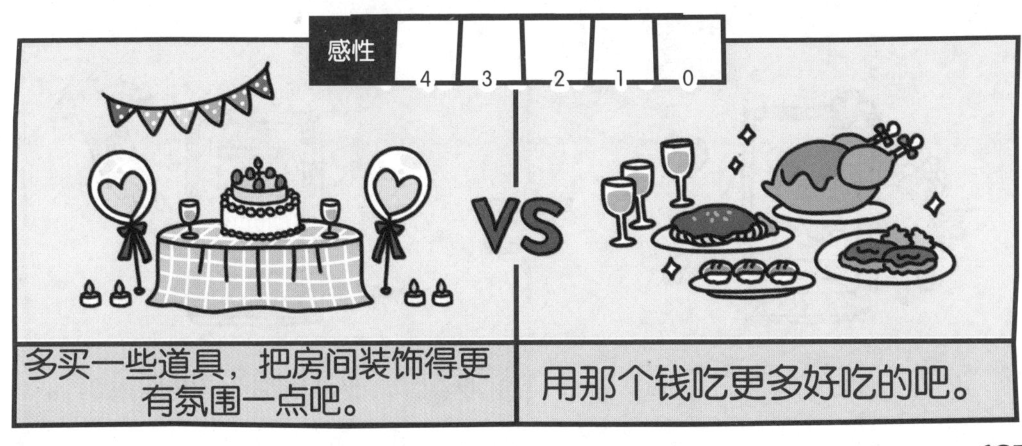

感性
4
3
2
1
0
VS
多买一些道具，把房间装饰得更有氛围一点吧。
用那个钱吃更多好吃的吧。

题4.

感性

要买手机，你的选择是？

今天玩跳箱子的时候，

你的手机掉了出来！
嗖

摔得粉碎！

于是你和妈妈一起来到了手机店。

一款的外观设计让你非常喜欢，
另一款是功能完善的最新款！

店员给你们展示了
两款手机。

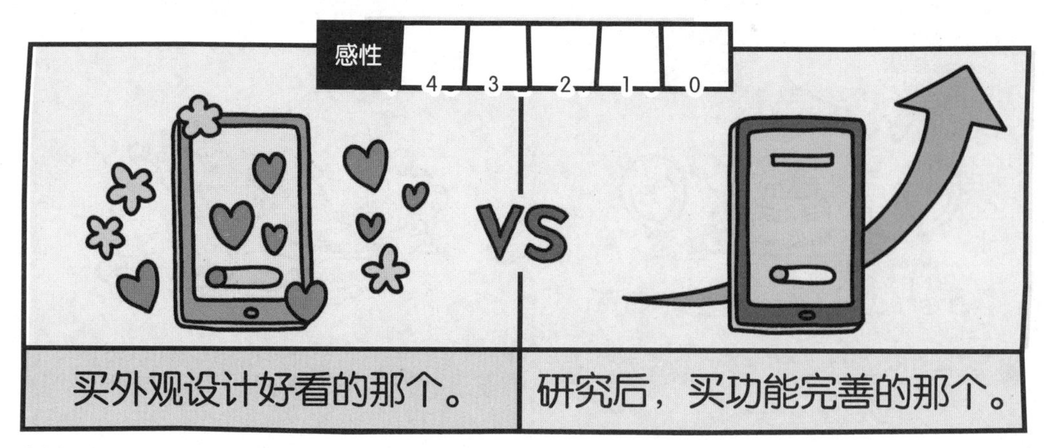
感性
4
3
2
1
0
VS

买外观设计好看的那个。	研究后，买功能完善的那个。

所谓的“感性”是什么呢？

“感性”会让你比其他人更深刻地感受到那些通过感官所获取的东西。所以，欣赏艺术作品的时候也会感受到并找寻出其他人没有察觉的价值。同时，在表达自身感情的时候，也会比其他人表达得更加丰富。

感性的优点

无论世界如何发展，我们学习到了多少各种各样的知识，都还是需要感性的。缺乏感性的人可能会缺少人情味，让人感觉像机器人一样。如果没有感性，我们也就不需要精美的设计或优美的音乐了吧！所以感性的人在艺术领域会表现得尤为出众。

感性的缺点

过度感性的人，在做决定的时候就会因为让感情占了上风，往往做出不合理的判断。人有的时候需要冷静判断，暂时远离情感，对做出正确的决定是有所帮助的。为此，我们需要培养冷静观察自身所处环境，控制自我感情的能力。

你的性格倾向是什么呢？

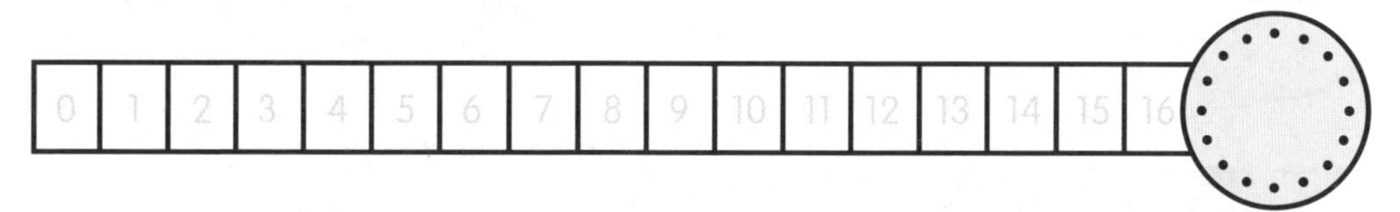
感性
0
1
2
3
4
5
6
7
8
9
10
11
12
13
14
15
16

题1. 同理心

面对朋友的烦恼咨询，你的反应是？

朋友把你叫到了咖啡厅。
咖啡
她一口气喝完了冰沙，
之后就开始对你发起了牢骚。
我和妈妈说我想当歌手。
但她却不为所动……
我只能这样把麦克风掰断吗？
面对朋友的烦恼咨询，你会……
同理心
4
3
2
1
0
VS
方法①
方法②
方法③

尝试与她产生共鸣。

想办法为她解决烦恼。

同理心
接力跑时有人摔倒，你的想法是？

运动会上，
刺激的接力跑
比赛开始了。
嘭！

你在观众席上为运动员加油。

你们班的队伍和隔壁班的
队伍跑得不相上下！

隔壁班最后一棒的
选手跑得超级快！

终点
终点线就
在眼前……

可隔壁班的人却摔倒了！

同理心
4
3
2
1
0
VS
1
担心他有没有受伤。
即将赢得比赛，非常开心。

题3. 同理心

对待长胖了的小狗，你的选择是？

最近家里的小狗胖了很多。

爸爸妈妈说，
都是因为喂了它太多零食。

从今天开始，禁止喂狗粮以外的东西！
咚！

于是从那天起，小狗就开始只吃狗粮了。

有一天，你正吃着便当……

这么想吃吗？
楚楚可怜

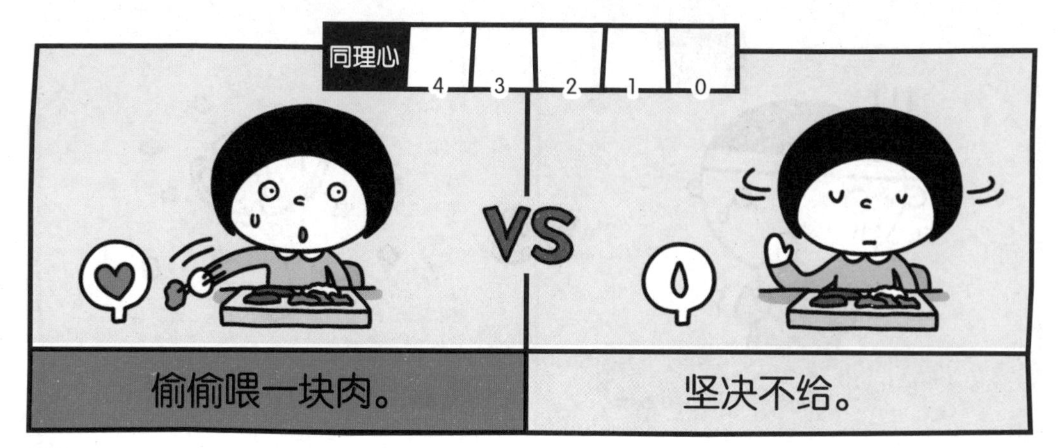
同理心
4
3
2
1
0
VS

偷偷喂一块肉。	坚决不给。

题4. 同理心
对不感兴趣的话题，你的态度是？

你的朋友对汽车很感兴趣，

对汽车零件也了如指掌。
这个叫
“悬挂装置”。

嗡
这辆车呢！
甚至只要听发动机的声音，就能猜出是什么车！

汽车的历史是……

你不是很感兴趣……
怎么办好呢？
那辆车吧……

今天在路上，你们看到了一辆很特别的车，他又开始侃侃而谈了。

同理心
4
3
2
1
0
那个轮胎是什么轮胎？
你很有眼光啊！
VS
我们聊点别的吧？

假装很感兴趣地听着。

转到自己感兴趣的话题上。

所谓的
"同理心"
是什么呢?

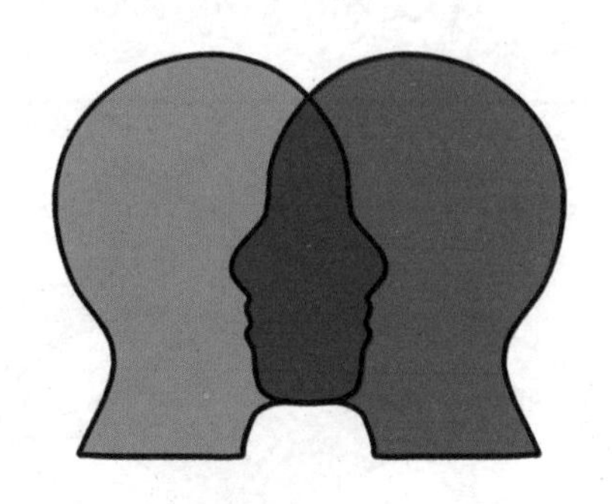

"同理心"可以让你对其他人身处的情况或产生的心情感同身受。其实，与和你处境一样的人产生共鸣并不难。然而，同理心强的人对和自己处境不同的人也可以产生共鸣。

同理心的优点

人们有时会对他人过于严格，但如果同理心强的话，就算立场不同，也会稍作让步，权衡做出让所有人都满意的决定。这是一种以不做作的态度和对他人的关怀，而深受周围人喜爱的性格。

同理心的缺点

同理心强也是一个很大的弱点。有些人会利用自身受到的伤害和可怜的处境企图支配你。为了满足他们，你必须不遗余力地把所有精力和感情倾注在他们身上。即使在这个过程中你会变得不幸，他们也不会理睬。所以，要坚决远离那些试图利用你的同理心的人哦！

你的性格倾向是什么呢?

同理心

0	1	2	3	4	5	6	7	8	9	10	11	12	13	14	15	16

题1.
批判性思考

看完电影后，你的反应是？

售票处

你去看了新上映的电影。

这是一部动物主题的电影。
略略略！

你本来不怎么期待的，

但没想到却看得很高兴。
啊哈哈！

笑得太开心了！

看完电影后，朋友问你，
啊，那部电影有意思吗？

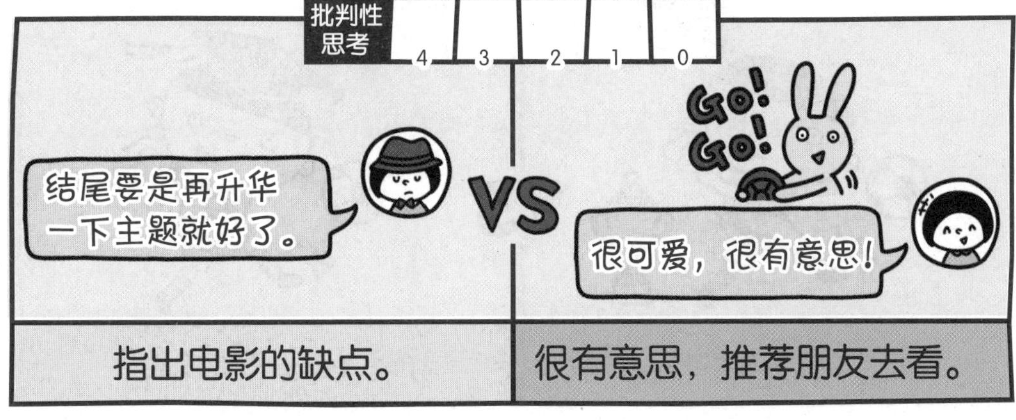
批判性思考
4 3 2 1 0
结尾要是再升华一下主题就好了。
VS
GO! GO!
很可爱，很有意思！
指出电影的缺点。
很有意思，推荐朋友去看。

题2. 批判性思考

对待老师说的话，你的想法是？

上课中……

朋友在打瞌睡。
快起来！

结果老师过来把她叫醒了。
醒醒吧！

老师说，
大家要是不好好学习，是无法取得成功的。

“老师小时候也不喜欢学习，但还是坚持下来了。”

于是，你思考了起来……

批判性思考
4
3
2
1
0
VS
一定要学习好才能成功吗？
学习能有什么坏处？

题3. 批判性思考

面对朋友的劝阻，你的反应是？

你们班来了一位转学生。

你想和他成为朋友，准备过去打招呼。

但朋友们却挡在了你面前。

他看起来有点奇怪，别和他做朋友！
“听说他在之前的学校闯了祸，所以才转过来的！”
这么一听，确实看起来有些吓人……

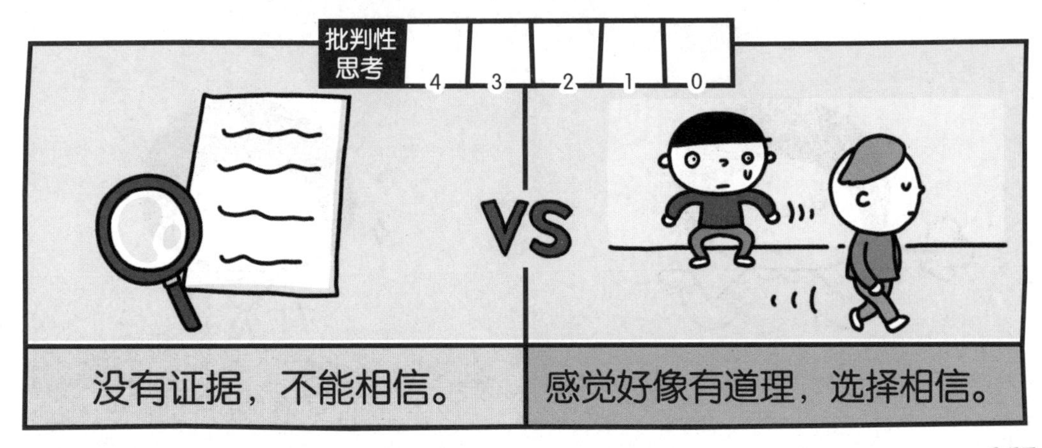
批判性思考
4
3
2
1
0
VS
没有证据，不能相信。
感觉好像有道理，选择相信。

题4. 批判性思考

看到奇怪的项链，你的选择是？

你和朋友在看视频，突然弹出来个奇怪的广告。
是什么？
磁铁项链！
“把好运吸过来。”
健康OK！
“把厄运赶走！”
感冒NO！
“现在请下单！”
下单
哇！好棒！
买两个的话就包邮！
朋友说要一起买，你该怎么办呢？

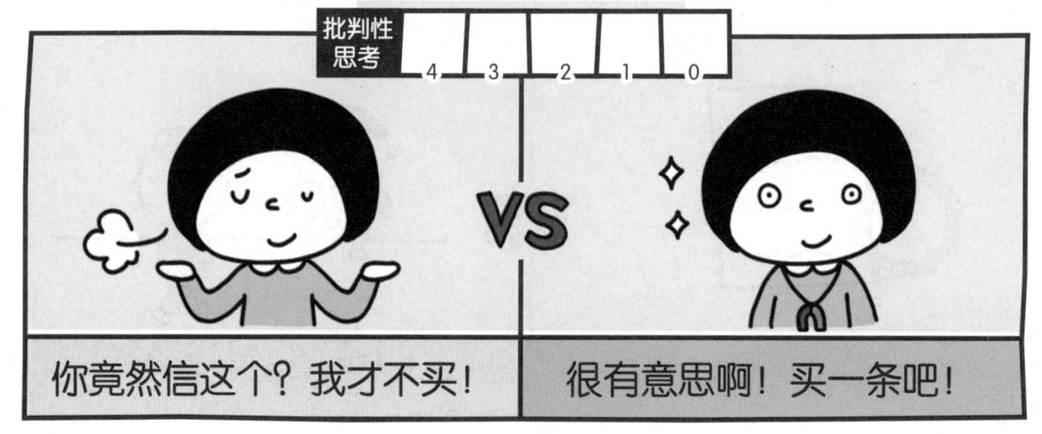

批判性思考
4
3
2
1
0
VS

你竟然信这个？我才不买！

很有意思啊！买一条吧！

所谓的“批判性思考”是什么呢？

具有“批判性思考”的人是不会原封不动地接受某件事情的。要是缺乏批判性思考，很容易别人说什么就老实地信什么，导致自己上当受骗。如果将八卦、舆论中提到的事情，都当作理所当然的事情并全盘接受，那就说明缺乏批判性思考。

批判性思考的优点

批判性思考能力出众的人会时常怀疑别人认为理所当然的事情。这样一来，就会注意到别人没有注意到的重要事情，或是识破别人的谎言。尤其是要同时做多个决定时，头脑很容易混乱，若此时还能坚持进行批判性思考，就不会轻易被人摆布。

批判性思考的缺点

如果说总是很认真也是缺点的话，那么这就是批判性思考的缺点。他们会把别人随口说的无意义的话想得太深或过度分析，也会把可以听完就过去的事情打破砂锅问到底，没事找事。过度怀疑也可以说是一种缺点。

你的性格倾向是什么呢？

批判性思考

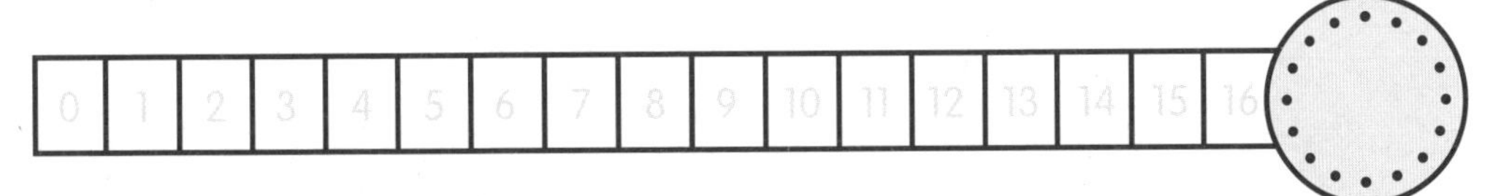
0 1 2 3 4 5 6 7 8 9 10 11 12 13 14 15 16

将在性格测试中掌握
到的性格倾向分数，
综合起来看一看吧。

3

性格类型确认表

你属于什么性格类型呢

你属于什么性格类型呢？

既然知道了自己的性格倾向，现在就来了解自己的类型吧。将前面计算好的性格倾向得分相加后，再除以性格倾向的个数，来计算平均值。得分最高的类型应该就是你的类型了，不过你也可能属于多种类型哦！

A
捣蛋鬼型
P56
P72
外向性
好奇心
÷2=
A

B
牛脾气型
P62
P122
胜负欲
自尊心
÷2=
B

C
悠然自得型
P32
P38
乐观性
迟钝性
÷2=
C

D
善变型
P67
P45
开放性
小心性
÷2=
D

气氛组型
P56
P102
P142
外向性
包容力
同理心
÷3=
E

F

操心型

P39 敏感性 + P51 慎重性 + P45 小心性 + P33 悲观性 = □ ÷ 4 = ⬡

G

天使型

P102 包容力 + P97 牺牲性 + P56 外向性 + P142 同理心 + P117 自重 = □ ÷ 5 = ⬡

H

哲学家型

P26 自主性 + P57 内向性 + P72 好奇心 + P147 批判性思考 = □ ÷ 4 = ⬡

I

辅助型

P27 原则性 + P97 牺牲性 + P132 认可欲 = □ ÷ 3 = ⬡

J

发明家型

P26 自主性 + P77 挑战欲 + P72 好奇心 = □ ÷ 3 = ⬡

K

交友广泛型

P56 外向性 + P67 开放性 + P142 同理心 = □ ÷ 3 = ⬡

L
推土机型
P50
决断性
P44
大胆性
P112
自信心
3
L
M
艺术家型
P39
敏感性
P137
感性
P26
自主性
P117
自重
4
M
N
革新派型
P39
敏感性
P77
挑战欲
P26
自主性
P44
大胆性
P50
决断性
P82
热情
6
O
研究者型
P72
好奇心
P27
原则性
P87
忍耐性
P107
仔细
4
O
P
好胜型
P77
挑战欲
P44
大胆性
P62
胜负欲
P50
决断性
P112
自信心
5
P

Q
探险家型
P72 好奇心 + P77 挑战欲 + P26 自主性 + P67 开放性
= ÷4 =
Q

R
完美主义型
P39 敏感性 + P107 仔细 + P51 慎重性 +
P92 计划性 + P127 自我反省 + P147 批判性思考 =
÷6 =

S
艺人型
P82 热情 + P87 忍耐性 + P132 认可欲 + P137 感性
= ÷4 =
S

T
运动员型
P62 胜负欲 + P132 认可欲 + P87 忍耐性 + P77 挑战欲
+ P82 热情 = ÷5 =
T

U
三好学生型
P27 原则性 + P107 仔细 + P97 牺牲性
= ÷3 =

V
将军型
P27 原则性 + P112 自信心 + P56 外向性 + P102 包容力
+ P147 批判性思考 = ÷5 =
V

呃……我是一个什么样的人呢？
来确认一下结果吧！

性格测试结果

捣蛋鬼型
牛脾气型
悠然自得型
善变型
气氛组型
操心型
天使型
哲学家型
辅助型
发明家型
交友广泛型
推土机型
艺术家型
革新派型
研究者型
好胜型
探险家型
完美主义型
艺人型
运动员型
三好学生型
将军型

A 我是一个什么样的人呢？

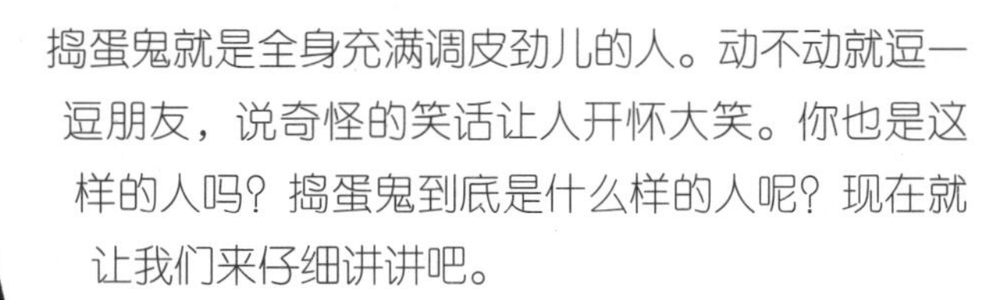

捣蛋鬼型

捣蛋鬼就是全身充满调皮劲儿的人。动不动就逗一逗朋友，说奇怪的笑话让人开怀大笑。你也是这样的人吗？捣蛋鬼到底是什么样的人呢？现在就让我们来仔细讲讲吧。

捣蛋鬼型的人真的非常外向。比起安静地坐着看书或是画画，他们更喜欢在外面跑着玩。他们经常会在很多人面前跳很奇怪的舞蹈，说很好笑的话也不会觉得害羞。即使在大家都专注学习的时候，捣蛋鬼型的人也会到处捣乱、开玩笑。

捣蛋鬼型的人还有一个明显特征，那就是好奇心很重，尤其是对他人的好奇心。谁喜欢谁，谁和谁熟，谁和谁吵架了，朋友之间的每件事他们都会很关注，并喜欢在旁边出主意。

捣蛋鬼型的人会以他们特有的活泼让周围的人笑出来。你们班肯定也有一个这样的同学吧？性格活泼，动不动就耍活宝，让人哈哈大笑。捣蛋鬼型的人无论去哪，都有很多朋友，周围总是很热闹。

不过，如果你是捣蛋鬼型的人，就**要注意不要让你的恶作剧伤害到别人，或是在长辈面前做出不礼貌的行为。**因为让别人不高兴的话，有意思也变得没意思啦！而且，开心地玩是很好，可有该做的事情时，还是要懂得专注在正事上。为此，可以时不时地练习一下安静地坐着，再搭配拼乐高、涂色、拼图游戏等，提升自己的专注力。从今天开始一点点延长坐在书桌前的时间吧！

太过分的玩笑是不可以的哦！要注意不能伤害到对方。

我是一个什么样的人呢？ B

牛脾气型

你听过“倔”这个字眼吗？倔是指“不改变自己的想法，坚持己见”。你可能也遇到过这种人：大人说什么都不听，偏要反着来的人；只要下定决心，上刀山下火海也要做到的人！这样的人我们就叫他“牛脾气”。

牛脾气型的人胜负欲非常强，特别讨厌输。尤其是像游戏或体育运动这种决胜负的事情，他们通常会两眼放光，十分专注。也可以说，他们的自尊心很强，就算是和年纪小的弟弟妹妹玩游戏，牛脾气型的人也绝对不会假装输给弟弟妹妹的。

牛脾气型的人不太会听别人说的话，偶尔也会和周围的人产生矛盾。因为就算有人指责他们，他们也不会轻易改变自己。要是朋友之间发生分歧，就更容易发展成争吵。

“倔”就一定是不好的，是自私的吗？并不是这样哦。从另一个角度来说，**“倔”也意味着不会因为周围人的话而动摇，坚持走自己的路。**倔强的态度在达成某种目标上是非常有帮助的。让我们想想那些超越极限、不断成长的运动员，或者终身奉献在制作精美手工艺品上的匠人大师们。要是他们没有克服困难的倔强，也就无法获得如此优秀的成果。

所以重要的是将“好的倔强”和“坏的倔强”区分开。**好的倔强是为了打造出有价值的结果而努力的倔强；坏的倔强是不听周围人的劝阻，引发争吵的倔强。**如果你是牛脾气型的人，就需要想一想啦！你的倔强是会给人带来伤害的倔强，还是会让你成长、值得感谢的倔强呢？

C 我是一个什么样的人呢？

悠然自得型

就算考试近在眼前，也什么都不做，安心地无所事事？眼看着马上就要下大雨了，手边没有雨伞，也想着“总会有办法的”，然后泰然自若地坐着？如果是这样的话，你就是悠然自得型的人啦！悠然自得是指什么也不担心，安心享乐的心情。

悠然自得型的人，最大的性格特征就是乐观。他们认为未来一定会有好事发生，会更轻松地享受当下。你听过“快乐似神仙”这句话吗？它是指像神仙一样什么也不担心，放松享福的意思。悠然自得型的人可是最适合这句话的哦！他们会像躺在草地上的猫一样，悠闲地看着这个世界。

要是想过上这种悠然自得的人生，就要拥有迟钝的性格。**所谓的迟钝，就是对任何事、任何刺激都淡然处之的态度。**就像一个孩子打破了昂贵的花瓶，通常都会被吓得哭出声，但悠然自得型的人可能不会那么在意，呵呵笑着说：“也情有可原吧。”这么一看，他们应该会经常听到“你的性格也太好了吧？”这句话。

不因为小事感到压力，享受当下的悠然自得型是很幸福的人。但是，只追求快乐，就要小心会错过重要的事情。毕竟悠然自得就是对未来不做太多的打算。所以想一想，自己的梦想、校园生活和周围人的关系，有没有把这些重要的事情也抛在当下的快乐之后了？**请务必记得，所有事情都是需要计划和应对的哦！**

我可以一直这样悠闲下去吗？
只要不是太过无所事事就好！

我是一个什么样的人呢？D

善变型

善变是指一会儿这样、一会儿那样，轻易改变的脾气。突然毫无理由地讨厌起关系很好的朋友，或是把钢琴课停掉，野心勃勃地说更想去上跆拳道课。善变型的人究竟是什么样的人呢？我们一起来看看吧！

善变型的人大体上都偏开放。开放性是一种对很多选项都持开放的态度，因为会被许多选项所吸引，所以善变型的人总会选完这个又选那个，时常改变想法。举个例子，为了买小狗娃娃开始攒钱，但又突然想要熊娃娃或是兔子娃娃，从而陷入了烦恼之中。也许要不了多久，就把目标再次变成熊娃娃了。而真正善变型的人，马上又会想，“比起小狗和熊，兔子好像更可爱”。

善变型的人的性格又非常小心翼翼。他们没有信心在选择好一件事情后，一直推进到最后，所以就会在多个选项上犹豫不决、徘徊不定。他们也很胆小，会想把可能发生在自己身上的所有事情都考虑到，然后做出应对。

如果你是善变型的人，我会推荐你更加慎重地思考自己真正想要的是什么。然后一旦决定，就有责任感地坚持到最后，这种态度是很重要的哦！你知道“君子一言，驷马难追”这句话吗？已经开始的事情，不管发生什么都应坚持到最后！

善变型的人不一定是不好的哦！所谓的善变，是指倾听自己快速变化的心声，并认可这种变化的诚实态度。有时候比起哭着勉强做不喜欢做的事，去找喜欢的事是更有勇气的选择！**如果你是善变型的人，在细心照顾自己的想法，保持这种态度的同时，也要尝试不断练习坚持，一点点培养责任感。**

E 我是一个什么样的人呢？

气氛组型

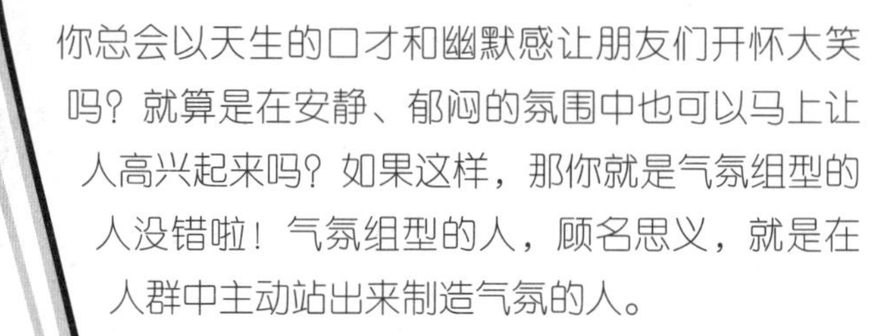

你总会以天生的口才和幽默感让朋友们开怀大笑吗？就算是在安静、郁闷的氛围中也可以马上让人高兴起来吗？如果这样，那你就是气氛组型的人没错啦！气氛组型的人，顾名思义，就是在人群中主动站出来制造气氛的人。

气氛组型的人真的很外向！ 比起独自一人安静地做些什么，他们更喜欢很多人聚在一起。他们会积极参与班级里的游戏或是活动，也会很容易接近初次见面的人。新学年开始时，气氛组型的人会在所有人都很拘束的情况下，率先开口，与新同学们更加亲近。

那么，外向的人都是气氛组型吗？并非如此！就算再怎么外向，可如果不会观察氛围、把握时机，进而得罪人的话，也不会让人高兴的。所以，想要成为气氛组型的人，需要快速掌握其他人的情绪，**并具备机智行动的“同理心”哦！**

包容力也是气氛组型的重要特征。包容力是指可以包容所有人，让他们感到不被冷落的能力。你们周围应该既有只和几个人交好的同学，也有和班里所有人都能打成一片的同学吧。“就算和我有些不同，但依旧可以和谐相处”，只有这样的人才能主导气氛。

适合气氛组型的人的职业有活动指导讲师。因为想要在上课或主持的同时，让人享受其中的话，气氛组型的机智和瞬间爆发力是必不可少的。另外，对于气氛组型的人，营销应该也是很不错的职业哦！因为发挥出气氛组型人的同理心，就可以打动人心，招揽更多的客人。

开心吧？
我也很开心！

我是一个什么样的人呢？F

操心型

你听过“忧虑”这个词吗？它是指因为担心事情无法解决而感到焦虑或抑郁的心情。那么，操心型的人是什么样的呢？他们是就算身体没有不舒服，也总是会担心是不是得了大病；躺在床上，烦恼就会如潮水般涌来而睡不着觉的人。让我们来更仔细地了解一下操心型的人吧。

操心型的人很敏感，性格也很小心。其他人会轻易忽略的事情，他们可能会做出很大反应，长时间陷入一个烦恼中。举个例子，你在书桌抽屉里面发现了写着你名字的碎纸片。大部分人都会马上忘记，可操心型的人却不是。他们会摸着那些碎纸片，不断担心是不是有人想要欺负自己。

前文中提到过，比起好事，先想到坏事的态度叫作“悲观性”，而**操心型的人就会倾向于悲观地看待世界。**但这种悲观性并不扭曲，而是近似于一种安全守护的态度。可以这样说，如果大家一起去玩水，有人不小心划伤了，那可以帮助这个人的可能只有为了以防万一，带了应急药品的操心型的人。

操心型的人性格非常细腻、非常慎重。他们会观察四周，考虑到多种情况，所以不只是帮助他们自己，也经常会帮助到其他人。操心型的人会很有准备性，处理事情也很仔细，因此，他们会得到周围人的信任。

但就算再怎么想要守护自己和周围人的安全，过度笼罩在担忧中生活也是不好的哦！如果你是操心型的人，为了自己的幸福，就尝试一点点把心里的负担放下吧。在你感觉床下有可怕的东西，担忧渐渐浮上来的时候，就闭紧双眼，想想开心的事情。或是把折磨你的问题一个个都写到日记本上，告诉自己它们其实没什么大不了的。这些都不失为好方法！**你的细心和准备性，在珍惜这些优点的同时，若更加享受当下的幸福，就可以活得更加朝气蓬勃哦！**

天使型

G 我是一个什么样的人呢？

如果你看到拎着很重的行李走在路上的老奶奶，会想要马上跑过去帮忙吗？就算有人做了很无语的事情，让你很生气，你也会考虑他的情况，理解他吗？那么，这就是天使型的人！是真正懂得爱别人，有一颗温暖的心的人。

天使型的人真的很有牺牲精神。所谓的牺牲精神是指就算自己吃亏，也想要帮助别人的利他心理。你们应该也在新闻中看到过，为家境困难的人偷偷捐款，参加照顾空巢老人的志愿活动几十年的人。就算很辛苦，吃些亏，他们也想要帮助别人，这样的心灵不就和天使一样吗？

天使型的人大体上很外向。因为想要帮助谁的话，就要注意到他周围的情况，也要懂得如何靠近陌生人。**很有包容力也是他们的特征。**就算是全班同学都讨厌的人，天使型的人也会想要听他把话说完。这种愿意抚慰别人受伤心灵的态度，我们也可以将其称之为“同理心”吧？

自重也是天使型的人的特征之一。只有爱自己的人才能爱别人。如果连自己都不爱，就不可能发现这个世界的美，也就不能以温暖的心照顾别人。但如果你想成为天使型的人，就要先仔细考虑自己的想法。

对于天使型的人来说，适合他们的第一种职业就是社会工作者。因为他们要做的是近距离观察、照顾有困难的人的工作，所以必不可少的就是关怀他人的心和包容力。另外，咨询师也是一种很适合天使型的人的职业。因为如果想要聆听别人，给出最适合这个人的安慰和建议的话，是需要同理心的。

我是一个什么样的人呢？ H

哲学家是挖掘世界本质，寻找生存意义的人。即使是别人认为理所当然的真理，哲学家型的人也会对此产生怀疑，并且不断提出疑问。“我为什么会出生呢？”“所谓的存在是什么呢？”“人类为什么会活着呢？”等。如果你也提出过这种疑问的话，就可能是哲学家型的人哦。来看看哲学家型到底是什么样的人吧！

哲学家型

哲学家型的人好奇心非常重，但他们的好奇心不是单纯的好奇心，而是**“批判性的好奇心”**。所谓批判性的好奇心，是指把理所当然的东西翻过来重新思考的态度。就像著名的哲学家笛卡尔曾说过，我们眼前的世界可能并不是真实的世界，因为我们所看、所听、所触碰到的东西时刻都在变化。眼前看到的美丽风景和嘴中冰淇淋甜甜的味道可能都是假的！所谓的哲学家，真的是有很独特、很反抗的想法啊。

哲学家型的人也非常自主。他们想要站出来寻找真理，而不是把别人喂到嘴边的知识吃进去。正因如此，他们也非常内向。他们只会专注于不断延展的想法，比起在外面转来转去，独自待在房间里的时间会更长。举个例子，心情莫名不开心的日子，比起出去见朋友，哲学家型的人会更喜欢把自己的想法安静地写成日记。为什么心情不好呢？为了让心情好起来，应该做些什么呢？甚至会思考所谓的心情是什么？自己为什么会成为一个被心情所控制的存在呢？

因为哲学家型的人会努力地进行有深度又细致的思考，所以他们很有可能去寻找别人错过的生存意义。但注意不要被困在自己的想法中，与世界接触是很有必要的哦！生存意义不仅是在书中和脑海中，也在和家人、朋友一起的热闹生活中。所以，时不时走到外面，和爱的人聊聊天，开开心心地大笑吧！

今天要不要
和朋友们
聊聊天呢？

0
我是一个什么样的人呢?
辅助型

你听过“辅助”这个词吗？辅助就是支持某个人或某支队伍，让他们发挥出最佳效果的人。看着喜欢的演员或是运动员，你有没有想过去做对他们有所帮助的工作呢？如果有的话，你就可能是辅助型的人哦！让我们仔细讲一讲辅助型的人是什么样的吧。

辅助型的人有很强的牺牲精神。就算是自己辛苦一点，也总会为了某人的成长而默默努力。想一想那些为了让足球运动员能够专注比赛而做万全准备的球队经理，为了让歌手们在舞台上更好地发挥而在台下帮助他们的工作人员，就算他们的努力没有被看见，但为了自己支持的人，他们仍任劳任怨地工作着。

为某支队伍工作的时候，辅助型的人会优先考虑队伍的成长，而不是自身的成长。因为他们认为集体比个人重要。**辅助型的人拥有强烈的认可欲，**想让自己的队伍获得成功。当他们通过自身努力让队伍得到成长时，他们会比任何人都感到自豪。举个例子，我们想象一下班里的同学在一起玩打沙包的场面。辅助型的人比起自身受到瞩目，会更加重视队伍的胜利，所以他们会把沙包传给擅长扔沙包的同学，并从旁协助。通过这种努力，在队伍取得最终胜利的时候，他们会比任何人都觉得幸福！

辅助型的人就是这样以安静又聪明的方式帮助别人的。他们对可能发生在自己所支持的人或队伍身上的所有事情都保持着警觉，在自己的行事原则下，**根据实际情况的需要，做出战略性的调整。**毕竟，如果没有周密的规划，又缺乏灵活性的话，有可能会帮倒忙吧?

适合辅助型的人的第一种职业就是老师。因为老师是帮助孩子们往好的方向成长的人。如果想要成为老师，那对待学生不能只有爱，还要有一定的牺牲精神。此外，运动员经纪人也是很适合辅助型人的职业哦！想要帮助运动员签约，提供管理，支持团队运营的话，就少不了辅助型人的周密计划和战略性行动。

我是一个什么样的人呢？ J

发明家型的人会不断想象这个世界上所没有的东西。他们很关心事物的构造和原理，所以可能会尝试把好端端的电子产品或玩具拆开来研究。

发明家型的人会不断产生极具创意性的点子。他们经常陷入出人意料的想法中，并执着地实践这个想法。比如去溪谷玩，在水里摔倒了。发明家型的人就会思索穿什么样的鞋子才不会在水里滑倒。等回到家后，再马不停蹄地把鞋子画出来，并亲手制作。

发明家型

发明家型的人同时具备好奇心和执行力。他们不会止于想象，而是会努力把东西创造出来。他们也非常有主见，喜欢做自己计划内的事情，而不是被别人指使。比起被规则所约束，他们更喜欢即兴发挥。

另外，**发明家型的人非常有挑战精神。**著名的发明家爱迪生曾说过，“天才是百分之一的灵感加百分之九十九的汗水”。意思是为了创造某种东西就需要不断努力。发明家型的人就是这样，有着比任何人都坚韧的毅力。就算交给他们很难的任务，他们也会不断尝试，永不放弃。对他们而言，这不仅不是挫折，反而会乐在其中!

最适合发明家型的人的职业当然就是发明家了。因为想要专门开发世界上没有的东西或是技术，就肯定需要闪闪发光的好奇心和挑战精神。程序员也是一种很适合的职业方向。因为开发电脑程序或是游戏的程序员需要同时具备创意性和毅力。

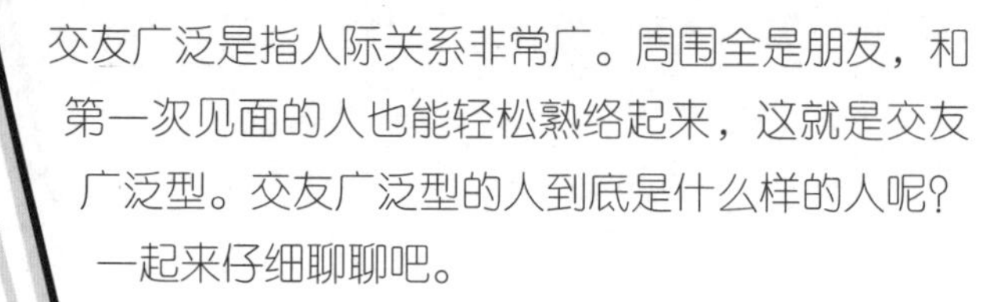
K
我是一个什么样的人呢?

交友广泛型

交友广泛是指人际关系非常广。周围全是朋友，和第一次见面的人也能轻松熟络起来，这就是交友广泛型。交友广泛型的人到底是什么样的人呢？一起来仔细聊聊吧。

交友广泛型的人非常外向。他们更喜欢把时间花在外面，而不是花在家里。他们很有礼貌，面对初次见面的人，也可以非常自然、坦然地交流。无论是在学校、超市还是文具店，他们都会和遇到的人大方问好，自然地聊天。大家也会相对轻易地对交友广泛型的人敞开心胸！

交友广泛型的人也有着很开放的性格。他们不会没头没脑地提出自己的想法，而是会以开放的心态听取多种建议。比如说，班里的同学分成两派争吵。交友广泛型的人不会轻易地站在任何一边，他们会听取两边的意见，还会以他们特有的平易近人的性格帮助同学们和解。交友广泛型的人就是这样，不会在心里竖起高墙，而是通过开放的想法与各种各样的人自由和谐地相处。

交友广泛型的人有着揣摩人心的能力。单单是通过表情，他们就可以察觉出朋友的心情。你的周围有这样的朋友吗？会仔细倾听别人说话，真心安慰对方，为对方加油。**这种同理心就是交友广泛型人的最大优点，**也是他们周围的朋友络绎不绝的原因。交友广泛型的人总是以温暖的话语暖心对待别人，谁不想和这样的人亲近相处呢？

您好!

我是一个什么样的人呢？ L

即使是不想做的事情，也会咬紧牙关，把它做完。嗓门响亮，胆子很大，朋友们都害怕的事情你也总会站出来解决。这样你就是推土机型的人，就像广阔土地上的推土机一样，充满能量！

推土机型

推土机型的人拥有卓越的决断性。前面我们有说过，决断性是毫不犹豫地做出明确决定的性格。推土机型的人很清楚自己想要的是什么，他们会毫无顾忌地表现出来。举个例子，朋友们说好了周末一起出去玩，当大家拿不定主意该去哪里玩的时候，推土机型的人会大声说：“我们去游乐场吧！大家一起去吧！”

推土机型的人对任何事情都充满自信。你听过精力旺盛这个词吗？它是指精神头十足，精力源源不断，而推土机型的人正是这种风格。**即使遇到艰难险阻也不放弃，这是他们最大的优点。**比如，在运动会上处于倒数第一的情况下，推土机型的人也不会失去可以翻盘的信念，会在比赛中竭尽全力。这种大胆性会给周围的人带来力量，也可能带来更好的结果。

可像这样充满自信的性格也不总是好的。如果因为想法明确而快速推进，那么在细节上可能容易出现失误。如果你是推土机型的人，建议你养成在小事上也进行仔细确认的好习惯。在做重要决定的时候，充分听取别人的建议也很不错。**只要再慎重一点，你的自信和勇气才会更加闪闪发光！**

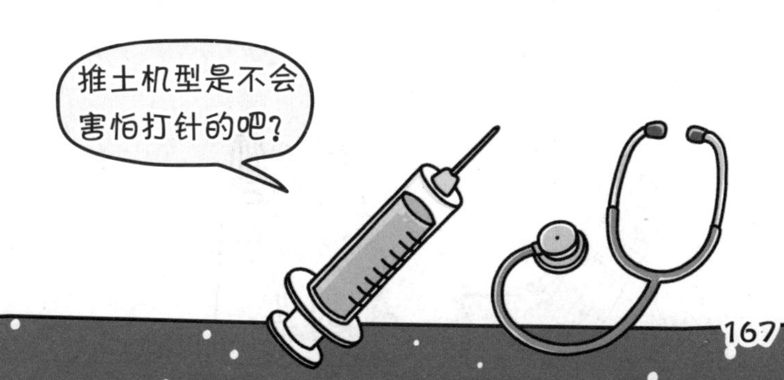
推土机型是不会
害怕打针的吧？

M
我是一个什么样的人呢?

艺术家型

你经常会因为小事而感动到流泪吗？无论是画画、唱歌还是跳舞，你都能通过创意性的方式表达出自己的情感吗？如果有，那你就是艺术家型的人，通过作品将自己的想法自由展现给世界的艺术家。

艺术家型的人最大的特征是敏感性。不只是身体的感官敏感，心理上也非常细腻，情感非常丰富。比如说，大家聚在一起看夜空中的星星，在星星中发现小熊、小鱼的形状，甚至在脑海中演绎出它们的故事，这就是敏感的艺术家型的人。

艺术家型的人非常感性。比起遵循客观逻辑，他们更会随心而动。比如，在一个不用去补课班的悠闲周末，有的人会先计划一下周末做什么，然后采取行动，但艺术家型的人是不会这样的。他们会去此刻想去的地方，吃当下想吃的东西，然后还会通过文字或图画把这种享受自由时间的感悟表达出来。

艺术家型的人就是这样，相信自己的选择并随之自主行动的人。他们会拒绝社会上常见的规则和框架，想要建立属于自己的世界。正因如此，**艺术家型的人非常自重，因为只有爱自己，才能倾听自己的内心，并诚实表达出来。**

顾名思义，最适合艺术家型的人的职业就是艺术家。通过优美的图画、音乐或文字，将自己的内心世界展现出来，这种事情会让艺术家型的人感到无比幸福。如果你想成为艺术家，就想一想在那么多的艺术形式中，给你的心灵带来最大震撼的是什么吧。画家、工匠、歌唱家、作曲家、舞蹈家、作家等，艺术家这份职业的范围可是非常广泛的哦！

我是一个什么样的人呢？
N
革新派型

革新派是抵抗老旧制度，不断改变世界的人。你有为了帮同学解决问题而全力以赴过吗？有总有一天要彻底改变这个世界的梦想吗？如果是这样的话，那你就是革新派型的人。革新派型的人准确来说是什么样的人呢？

首先，革新派型的人对社会中理所当然的规则有着很多怀疑。比如说，好看的人皮肤一定要白，只有女性才能穿裙子等固有观念，他们不仅会问“为什么非得这样？”，还会想象如果将这种固有观念丢掉，世界会不会变得更好。像这样，对理所当然的事情采取反向思维的态度就是“批判性的态度”，**而革新派型的人拥有更具批判性的思维。**

其次，**热情和富有挑战精神也是他们的明显特征哦！**革新派型的人会想要打造更加美好的社会。比如在著名的历史事件“商鞅变法”中，商鞅提出了废井田、重农桑、奖军功、统一度量等一系列社会发展策略，使秦国的经济得到了发展。

另外，**革新派型的人也很大胆，很有决断力。**他们和善变型相反，在做决定上不会犹豫，一旦下定决心，无论如何都会进行下去，且自主性也很强。比起别人指派的事情，他们会更想去做自己真正想要做的事情。革新派型的人就是这样凭着一股子韧劲儿，以其端正的态度，努力建立新世界的框架。

政府官员是很适合革新派型人的职业，因为政府官员是积极改善我们社会难点的人，务必需要革新派型人的大胆和热情。企业家也是很适合他们的职业。如果企业家拥有革新派型人的挑战精神和决断力，那是不是就可以把企业运营得更加高效从而造福社会呢？

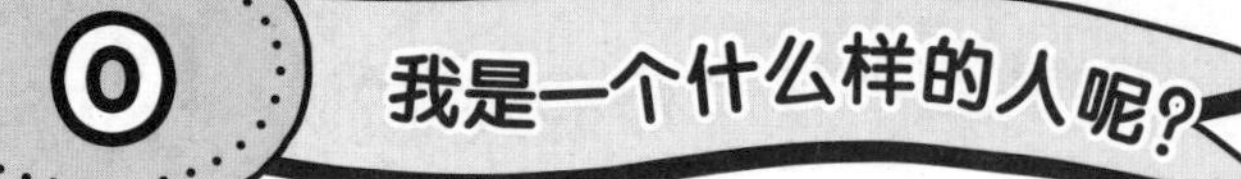
我是一个什么样的人呢?

研究者型

你喜欢坐在桌子前面，安静地思考、学习吗？要是有好奇的事情，你是无论如何都要找到答案，心里才会舒服吗？如果是的话，你就是研究者型的人！研究者就是对某件事情或某个事物进行深度调查和思考，并追求真理的人。

研究者型的人好奇心真的很重，尤其是对知识的好奇心。所以相较于感性的主观看法，他们更关注客观事实。举个例子，大家一起赏花，别人都感叹花很漂亮的时候，研究者型的人会忙着研究花的构造是什么，雌蕊和雄蕊是如何生长的，花粉是怎样传播的。

另外，**深思熟虑也是研究者型的一大特征。**为得到准确答案，他们养成了比任何人都更仔细计算的习惯。比如大家聚在一起吃蛋糕，研究者型的人不会把蛋糕随便分一分就开始吃，而是把蛋糕按照人数切成形状和大小一样的小块。他们还喜欢有规律地行动。与跟随当下的心情自由行动的艺术家型的人不同，研究者型的人喜欢根据定好的计划，有条不紊地做事。

研究者型的人很务实也很有毅力。为了寻找自己想要的答案，他们会在桌子前面坐很久很久。这种性格会深受周围人的信任，但因为深陷在自我世界中，而经常忘记与人相处的方法，就要小心了！同时，研究者型的人也需要一些比较大胆、自由的想法。如果只以客观的视角去看待这个世界，可能会失去偶然迸发的创意。不要因为爱学习，就天天只看书，偶尔出去享受一下风景，展开一下天马行空的想象吧！

顾名思义，最适合研究者型的职业就是研究者。喜欢不断钻研、深度思考的研究者型人，非常适合寻找不为人知的真理。此外，从事有规律的工作的公务员也很适合他们。因为对执行国家或地方团体业务的公务员来说，研究者型人的仔细且务实的态度是必不可少的！

我是一个什么样的人呢？ P

你对国际象棋或是围棋这种需要专注力的游戏，有信心吗？平时很安静，但在分胜负的事情面前比谁都热情吗？那你就是好胜型的人，是一个聪明而敏捷、最适合竞争的人。

好胜型的人基本上性格都很大胆。但与时刻都充满能量的推土机型的人不同，好胜型的人只会在与人较量的瞬间变得大胆。除此之外，其余时候他们都会退居人后，观察周围的情况。举个例子，击剑选手不是会谨慎观察对方的动作，然后在决定性的瞬间把剑刺出去吗？好胜型的人就是这样，平时虽然安静，但在挑战某些事情的瞬间却劲头十足。

好胜型

充满自信也是他们的一大特征。好胜型的人很坚信自己的选择，就算是进行条件不利的游戏，好胜型的人也会不慌不忙，有条不紊地解决交给他们的任务，并引领这场游戏的走向。**这种自信和沉着就是好胜型的明显特征。**不只是在玩游戏的时候，在日常生活中也是，好胜型的人会从容不迫地解决问题。

好胜型的人胜负欲当然非常强。他们很讨厌输，所以在竞争中无论如何都想要争取胜利。比如说，班里要举行一场足球比赛。与高兴奔跑着的同学不同，好胜型的人会带着犀利的眼神，专注在比赛上。如果输掉比赛的话，他们就会一整天都不高兴。这种挑战欲在实现目标方面是非常有帮助的。要是有迫切想要实现的事情，就像好胜型的人一样在重要瞬间发力，应该会很不错吧？

适合好胜型人的职业有律师。因为律师需要利用扎实的法律知识、灵敏的思维以及不服输的劲头来保护委托人的合法权益，所以就少不了好胜型人的慎重性和大胆性。另外，像运动员或是职业玩家这种要时常进行比赛的职业也很适合好胜型的人。如果保持熊熊燃烧的胜负欲不断练习，在比赛的重要瞬间给予对方帅气的一击，这是多棒的事情啊！

我是一个什么样的人呢？

探险家型

如果你发现了一段阴森的通往地下的神秘楼梯，你有沿着楼梯走下去的想法吗？你有好奇远处的风景，而不假思索地爬到过树顶吗？如果有的话，那你就是探险家型的人。探险家意味着“不顾危险，探索新事物”。

探险家的必要特征是如泉涌般的好奇心，因为对新世界的好奇心才能驱使我们不断去冒险。想象一下走在林荫小路上，如果是没有好奇心的人，他多半不会觉得森林中的风景有所不同，只会沿着原本的路不断行走。可好奇心重的人却会时常停下脚步，探索新的道路。那棵树的树干为什么是白色的？松鼠的家在哪呢？因为这些不断产生的好奇心，他们会发现一些不同寻常的道路。

探险家型的人也很开放。他们欣然接受自己不了解的真相，并有勇气走上从未踏足的道路。如果你一辈子都不知道大海的存在，当有人对你说，在世界的尽头有一个无边无际、深不见底的水域时，那么只有胸怀宽广地接受这个陌生故事的人，才能前往大海探险吧！

但比起别人说的，探险家型的人更愿意相信自己的想法。因为探险家不为世人的话所动摇，只走自己的路。像发现新大陆的伟大探险家哥伦布，据说他曾被五个国家拒绝资助。在这种所有人都认为他会失败的情况下，他依然相信自己，最终获得成功。

探险家型的人就是这样，具有挑战性且好奇心很重。相应地，他们也有着冲动行事的倾向。所以应该注意，不要只顾着寻找让自己心动的事情，而以不慎重的态度让自己处于危险之中。保持对世界的好奇和敞开的胸怀，走三步就停一步，仔细看看周围，你觉得怎么样呢？

对世界上的事充满好奇心，无论是听到好消息还是坏消息，都最先跑过去探究的记者是很适合探险家型的人的职业。还有为了购买或销售物品而飞往世界各处，与各种各样的人交往的贸易行业，应该也是很适合探险家型的人的工作吧？

我是一个什么样的人呢？R

完美主义型

顾名思义，完美主义就是只追求完美的态度。哪怕桌子上有一丁点凌乱，完美主义型的人也会很讨厌。考试的时候，就算错了一道题，得了98分，他们也会很不高兴。你是为了完美而不断推着自己往前跑的性格吗？如果是，那你就是完美主义型的人。

完美主义型的人的最大特征是自我反省式的思维。他们对待他人很严格，但更加严于律己。在所有方面都追求第一名，不会因为一般的事情而满足，所以也非常具有批判性。例如，水杯中只有半杯水。虽然有的人会觉得“有半杯水呢！”，但完美主义型的人却觉得“就只有半杯水了！”，然后开始思考要如何填满剩下的一半。

完美主义型的人性格非常敏感。无论任何事情，为了得到更好的结果，他们都会调动起全身的神经。在这一点上，可以说他们和天下太平型的人正相反。如果说每个人的脑海中都有一把尺的话，那完美主义型的人的刻度会非常严密。天下太平型的人看到一棵树，会想“应该有 3 米左右吧”，而完美主义型的人却会准确说出“它高3.15米”。完美主义型的人就是这样，有着在所有事情上都不允许存在丝毫误差的性格。

另外，**有计划的慎重性格也是完美主义型的一大特征。**完美主义型的人会定下一个明确的目标并努力守护它。当然，这种努力通常会带来有价值的结果，可也会时常折磨自己。如果你是完美主义型的人，就要试着放下想要在所有方面都做得完美的野心，给自己一些呼吸的空间，同时也爱自己不完美的模样，那你的完美主义就会变得更加闪闪发光哟！

适合完美主义型的第一种职业是医生。因为医生是关乎健康、关乎生死的工作，他们必须要非常慎重、非常敏感。除此之外，建筑师也很适合完美主义型的人。为了打造安全的空间，有计划性的仔细态度是必不可少的。而编辑也是一份适合完美主义型的人的职业。他们可以在文字中找出错误，出版很棒的书籍！

我是一个什么样的人呢？

艺人型

你喜欢受人关注吗？比起自己一个人在家，你更喜欢穿上好看的衣服到外面去吗？那你就是艺人型的人。就像大家知道的，艺人说的就是演员、歌手、模特、脱口秀演员等在大众面前展露自己才能的人。

艺人型的人大体上情感都很丰富。因为无论是演戏还是唱歌，比起冷冰冰的理性，都是更需要温暖与感性的工作。艺人型的人会把周围的事情当成是一场戏，并化身为这场戏的主人公。例如，有一个要好的朋友要转学去很远的地方，比起给这位朋友一些建议，艺人型的人更会对朋友的伤心产生共鸣或是吐露自己的难过。因为他们就是那种把自己的感受看得比什么都重要的性格。

然后，**艺人型的人也都很热情。**尤其是想要被人认可的欲望非常强烈。与发明家型的人或研究者型的人不一样，艺人型的人对独自一人在房间里实现什么东西的事情不感兴趣。相反，向人展示才能并获得掌声会让他们感到很大的快乐。他们会非常关注服装或外貌，就算不是什么特别的日子，也喜欢试很多套衣服，在好好打扮后一直照镜子或拍照。

艺人型的人忍耐性也非比寻常。他们非常在意别人眼里的自己，所以会更加沉着冷静地行动。你也知道，很多艺人会绯闻缠身或恶评不断吧？在这种情况下，艺人型的人是不会意气用事的，反而会为了维持自己的好形象而一笑了之。但也要注意这种态度可能会让自己感到痛苦。如果你是艺人型的人，那就像注重外表一样，也细致照顾自己的心情吧！

比起别人的视线，
我的心情更加重要！

我是一个什么样的人呢？
T
运动员型

如果是关乎胜负的事情，你就会两眼放光地跑过去吗？即便身心疲惫，也会为了实现目标而坚持努力吗？如果这样，那你就是运动员型的人，以坚持不懈的练习，突破自己极限的运动员。

运动员型的人有着很强的胜负欲和挑战欲。无论交给他们什么任务，他们都会拼尽全力完成。尤其是在与运动相关的事情上，这种态度会更加凸显。比如说，和朋友一起去海边玩，在别人都轻松游泳、打打闹闹的时候，运动员型的人却可能为了比朋友游得更远、更快，咬着牙奋力前进。

运动员型的人就是这样，想要被人认可的想法非常强烈。比起一个人安静地专注于某件事情，他们更喜欢在人群中实现目标，获得掌声，所以运动员型的人总是充满热情。**而活力四射、积极乐观正是运动员型的人的一大特征。**与操心型的人相反，运动员型的人即便是遇到难事也会微笑处之，然后更加身体力行，努力忘记那个烦恼。

另外，**运动员型的人也有着很强的忍耐性。**运动的时候，不是会有呼吸急促，身体愈发痛苦的瞬间吗？运动员型的人在这种瞬间依然会凭借忍耐力坚持下来。而通过忍耐超越自身极限时，他们会感受到莫大的快乐。所以运动员型的人的对手不是别人，而经常是他们自己。运动员型的人的最大目标就是创造比昨天的自己更好的记录，而不是战胜别人。

你能做到！

我是一个什么样的人呢？

三好学生型

“三好学生”说的就是品行端正、学习成绩优秀，为他人树立榜样的人。三好学生型的人性格很安静、很务实。他们不会觉得学习是一件困难的事情，就算很忙、很累，他们也绝对不会忘记写作业。你也好奇自己是不是三好学生型的人吗？一起来看看三好学生型的人到底是什么样的吧。

三好学生型的人有着很仔细的性格。他们对任何事情都不会敷衍了事，而是会竭尽全力。尤其是学习的时候，这种性格更加凸显。比如上课的时候，他们会努力不错过老师的任何一句话，甚至有时候还会把老师开的玩笑记在笔记本上。自己一个人学习的时候也是一样，在把所有问题都理解清楚之前，三好学生型的人是绝对不会翻页的。

除此之外，**三好学生型的人也非常有计划性。**他们喜欢制订自己的专属计划并严格遵守。比如说，放假前制订了一个生活计划表。过了一两天，大家可能都会忘记那个计划，玩得很开心，可三好学生型的人却不会。他们会严格遵守自己定好的起床时间、吃饭时间和学习时间，规律地过完每一天。

三好学生型的人还有着很强的牺牲精神。为了实现自己的目标，他们甘愿经历艰难的过程。例如，几个人聚在一起做小组作业，就算大家都吵吵闹闹，三好学生型的人依然会坚持完成作业，甚至会把别人的部分也做完。三好学生型的人会把自己的目标放在首位。他们有着为了完成这个目标而倾注一切的觉悟。

今天也向着
目标更进一步！

我是一个什么样的人呢? V

将军型

看看周围，你会发现经常有人会成为人群中的焦点。一切以他为主，大家都相信他、跟随他。这个人很有可能就是将军型的人。“将军”指的是有带领他人力量的人，即一个群体的首领。

将军型的人非常外向。他们周围会有很多朋友，他们也很容易和人熟络起来。将军型的人总是充满自信，不会轻易气馁或是被冷落。无论何时何地，他们都堂堂正正，不会害怕说出自己的意见。所以，人们很喜欢如此性格的将军型的人，也愿意跟随他们。

将军型的人通常很有包容力。即便朋友与自己的意见不同，他们也会先倾听朋友的想法，照顾被冷落的朋友。举个例子，开年级会议的时候，真正的班长会想要仔细聆听所有人的意见。不只是听和自己熟悉的朋友说的话，也在乎少数人的意见。将军型的人就是这样，有着与所有人和谐相处的宽广胸怀。

但是，将军型的人还有一个重要特性，那就是**批判性的思考方式。**他们会试图提前做出否定思考，以备不时之需。比如说，大家一起去溪谷玩。当朋友们都用脚拍水玩的时候，将军型的人会一边担心是否会有人受伤，一边环顾四周，因为他们有着一种所有人都要安全回家的责任感。**将军型的人也非常重视原则。**他们不会按照此刻的想法随意而为，而是会根据制订好的计划采取行动。正因如此，比起个人，将军型的人更看重集体的和睦。

首席执行官（CEO）是很适合将军型的人的职业。因为你想要成为带领一家公司的首席执行官，就一定要具备将军型的包容力和原则性。另外，政治家也是一份很适合将军型的人的职业。因为想要治理一片地区或一个国家的话，就需要卓尔不凡的领导力。如果执政者像将军型的人一样拥有责任感和自信心的话，是不是就可以更加快速地解决社会上的问题了呢?

·我的性格小结·